写给孩子的思维与情绪成长书

我具有成长型思维

6～14岁青少年成长型思维训练手册

〔美〕佩顿·库里伊萨 著　陶尚芸 译

GROWTH MINDSET WORKBOOK FOR KIDS

中国妇女出版社

著作权合同登记号　图字：01－2023－2131

图书在版编目（CIP）数据

我具有成长型思维 ：6～14岁青少年成长型思维训练手册 /（美）佩顿·库里伊萨著 ；陶尚芸译. -- 北京 ：中国妇女出版社，2023.9
（写给孩子的思维与情绪成长书）
书名原文：GROWTH MINDSET WORKBOOK for KIDS
ISBN 978－7－5127－2066－4

Ⅰ.①我…　Ⅱ.①佩…　②陶…　Ⅲ.①思维方法－能力培养－青少年读物　Ⅳ.①B804－49

中国国家版本馆CIP数据核字（2023）第045190号

责任编辑：闫丽春
封面设计：介末设计
责任印制：李志国

出版发行：中国妇女出版社
地　　址：北京市东城区史家胡同甲24号　　邮政编码：100010
电　　话：（010）65133160（发行部）　　65133161（邮购）
网　　址：www.womenbooks.cn
邮　　箱：zgfncbs@womenbooks.cn
法律顾问：北京市道可特律师事务所
经　　销：各地新华书店
印　　刷：北京中科印刷有限公司

开　　本：170mm×235mm　1/16
印　　张：9.25
字　　数：116千字
版　　次：2023年9月第1版　　2023年9月第1次印刷
定　　价：58.00元

如有印装错误，请与发行部联系

目录

$7 \times 6 = 42$

$7 \times 7 = 49$

$7 \times 8 = 56$

$7 \times 9 = 63$

第三章 做个出色的解题达人

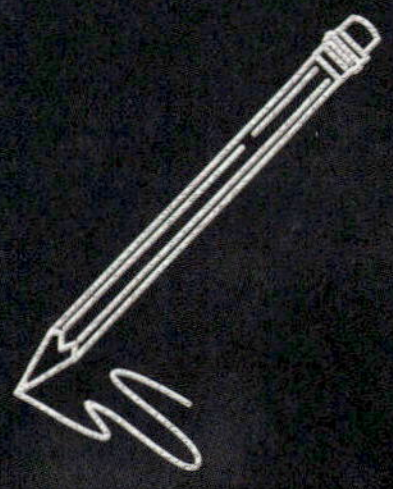

给成年人的一封信

无论你们是父母、监护人、教师、辅导员，还是其他导师，我都要感谢你们在深度培养孩子社会情感方面作出的贡献。作为一名曾经的小学教师，我见识过“成长型思维”（也称“成长型思维模式”）在学生生活中的力量。我曾目睹过一些因为不敢犯错而逃避学习的孩子，他们在学习和运用成长型思维模式之后，变成自信、自我激励、成绩优异的学生。

如果没有正确的方法和策略，许多孩子会陷入“固定型思维”（也称“固定型思维模式”）。“固定型思维”指的是我们认为自己的能力、天赋和智慧处于静止状态：对于某件事，我们要么擅长，要么不擅长，情势不可逆转。这种思维模式限制并阻碍了孩子（和成年人）充分发挥自己的潜能。

“成长型思维”指的是我们相信自己的能力、天赋和智慧，可以通过努力和坚持而得到成长或改变。成长型思维可以培养孩子勇于应对挑战、设定和实现目标，以及进行创造性思维的能力，还可以提升自尊自信，鼓励孩子大胆去冒险。

本书以一种引人入胜的方式告诉孩子们：成长型思维和固

定型思维的区别在哪里。孩子们还将学习成长型思维背后真正的脑科学原理。书中设置有练习，旨在培养儿童的成长型思维，还提出了从错误中吸取教训、使用多种方法解决问题、学会反馈、设定目标、积极思考等诸多概念。从固定型思维转变为成长型思维，是一个有些冒险的艰难过程，孩子们需要经历多次尝试和失败，屡试屡败却仍要屡败屡试。

下面是可以帮助孩子们度过“屡试屡败—屡败屡试”过程的几点小技巧。

- 鼓励在说话时使用那些能反映你自身成长型思维的语言。例如，不要对你的孩子说“我做不到”，试着说“我还在改进中”。
- 接受错误，并把错误当作学习的机会。和孩子分享你自己犯错的经历，并讨论你是如何从错误中学习和进步的。
- 帮助孩子调节情绪。在尝试新事物、犯错、失败时，总是伴随着许多不舒服的情绪。这里推荐几个调节情绪的简单方法，比如：深呼吸；从1数到10，再从10数到1；出去散步一小会儿；喝一杯水。
- 表扬孩子的努力、创造力和解决问题的能力。要重视孩子的身心成长，而不只是关注他的学习成绩。
- 鼓励孩子的好奇心。
- 你自己要先研究成长型思维背后的脑科学，并在孩子苦恼、挣扎的时候给予提醒——宝贝，别怕，你的大脑正在成长和变化。

鼓励你的孩子修炼“成长型思维”吧。务必要全程支持孩子！兴奋起来吧！如果你兴奋，孩子也会跟着兴奋！

给孩子们的一封信

你们有没有这样想过——“也许我就不是学数学的料”或者“有人就是不擅长艺术，而我就是其中的一员”？如果我告诉你们，只要你们改变思维模式，就能成为“学数学的料”或者能提高艺术技巧，你们会怎么样呢？如果我告诉你们，你们可以拥有更好的阅读能力，成为更棒的足球运动员、演员（或者任何你想成为的都可以），你们会怎样呢？你们可以的！

只要具备成长型思维，一切皆有可能！有了成长型思维，你们就能真正改变自己的大脑！成长型思维就是让你们相信自己有多聪明、有多擅长做某件事情，只要脚踏实地地努力学习，一切皆有可能改变。这意味着，只要你们愿意克服挑战，在困难的时候坚持下去，那就基本上可以实现自己想要的任何东西！有了成长型思维，你们的未来就会充满无限的可能性。

本书将向你们深度展示——什么是成长型思维？成长型思维为什么很重要？当你们拥有成长型思维时，大脑里会发生怎样的故事？你们可以尝试一些有趣的练习和活动，这样有助于培养成长型思维，让你们走出家门，惊艳世界！

本书中的练习十分有趣，而且都是为你们量身定做的哦。如果能按照顺序练习，效果最好。如果你们被某个问题难住了，别怕，先跳过去，继续做后面的练习，稍后再回头研究。毕竟，成长型思维模式就是教你们在事情变得艰难时如何继续前进。没有什么可以阻挡你们成为“成长型思维小行家”！

现在是属于第一章的阅读时间，你们将会学习什么是真正的成长型思维，以及成长型思维将如何帮助你们创造精彩。请跟着我念：“创造奇迹，我可以的！”好样的！都准备好了吗？现在就开启阅读之旅吧！

第一章

什么是“成长型思维”

你的大脑与你身体里的肌肉有一点非常相似。如果你反复使用你的肌肉，它就会变得更强壮！你也可以不断地训练你的大脑，让它变得更聪明，这也是成长型思维的重要性质之一。当你拥有了成长型思维时，你就会明白，练习某个技能或获取某些新信息可以促进并改变你的大脑。成长型思维指的是，你相信自己可以通过练习来学习新事物和提高技能。

拥有成长型思维的人更有可能获得成功，因为他们迫使自己不断地学习和成长；拥有固定型思维的人不相信自己可以通过练习把事情做得更好，他们经常放弃努力而不是更努力地去做事。

在本章中，大家将学习关于成长型思维的全部知识，并着手研究成长型思维如何帮助我们在生活中获得惊人的成就。

固定型思维是什么

“我去年没能进篮球队，所以我想，我今年也进不去吧。”

“我的数学考试成绩从来都不好，所以，学习数学没有任何意义。”

“去上美术课有什么意义呢？我不擅长画画。”

说上面这些话的孩子都持有固定型思维。他们认为，他们的一切技能和能力都是固定的，也就是说，他们认为，这些特质不能改变。他们不相信努力学习和练习可以改变自己在某些事上的情势。

拥有固定型思维的人，一旦认为自己不擅长某件事，就会放弃任何努力和尝试。固定型思维会阻止人去尝试新事物或者妨碍人努力做到最好。如果你觉得自己以前是固定型思维，别担心，我们将通过本书中的活动来帮你作出改变。

成长型思维是什么

“去年我没有入选篮球队，但我每天都在练习，今年再试一次。”

“我在数学学习上一直很吃力，但我知道，如果我继续努力学习，跟着老师一起加油，我的数学成绩会提高的。”

“我不是班上最好的美术特长生，但我通过练习，画得越来越好了。”

说这些话的孩子都拥有成长型思维。他们相信，他们的技能可以随着练习而得到改变或提升，他们面对挑战时不会放弃。当一个人拥有了成长型思维时，他就更愿意尝试新事物，因为他不怕失败。拥有成长型思维的人在生活中会把握住更多的机会。值得注意的是，成长型思维并不会让你在学习新事物或提高技能时变得更容易，你仍然需要努力学习和工作。但是，当你拥有了成长型思维，你就会明白，付出额外的努力是值得的。

思维小测试

拥有成长型思维的第一步就是了解你自己内心真实的想法！你还不确定自己是哪种思维吧？可以做做下面的小测试，看看你现在最倾向于是哪一种思维。一定要诚实地回答每个问题。为了拥有成长型思维，我们必须诚实面对自己，即使遇到困难，也要坚持下去。

事件	我会说……	我会说……
这周的词汇测验，你不及格。	我想，我只是不擅长背诵定义。	我会更加努力地学习和练习。我敢打赌，下次我都能答对。
你没能入选足球队。	我永远都进不了足球队。	我打赌，如果我多多练习，明年就能进足球队。
你因为上课说话惹了麻烦。	我在学校总是惹麻烦，因为我很难保持安静。	我可以提高自控能力，并改善自己的行为。
你没能在学校话剧中争取到一个角色。	我猜想，我只是不太擅长演戏吧。	我会和戏剧老师谈谈，问问我该如何改进才能适应下一部话剧。
你发脾气的时候伤害了朋友的感情。	我发脾气并不是我的错，那是我情不自禁。	我会向我的朋友道歉，下次想发脾气的时候，我会深呼吸，然后让自己冷静下来。
你把家庭作业忘在厨房的桌子上了。	我就是记性不好，所以，我经常忘事。	下次睡觉前，我会把它放进书包里，这样就不会忘记了。
你在篮球赛中错过了绝杀球。	我不擅长打篮球，我想我应该退出球队。	我会继续练习投球，也许我能搞定下一个绝杀球。
这周的数学考试，你成绩不是很好。	我就是数学不好。	我会找位教师帮我辅导数学。
你匆忙完成了作业，结果成绩很差。	我太忙了，没时间做作业，我的成绩总是很差。	下次我会花时间慢慢做作业，而不是等到前一天晚上再临时抱佛脚。
你总是把在钢琴独奏会上演奏的那段乐曲搞砸。	这首曲子对我来说太难了，无论我怎么练习都是徒劳。	在独奏会之前，我会和钢琴老师一起练习那段棘手的乐曲。

你选了多少黄色区域的答案？

这将是你的固定型思维得分。________ /10

你选了多少蓝色区域的答案？

这将是你的成长型思维得分。________ /10

如果你选择了更多的蓝色区域的答案，你可能倾向于成长型思维；如果你选择了更多黄色区域的答案，你可能会以一种固定型思维来应对各种情况。

回头看看蓝色区域的每一个答案。注意，蓝色区域答案表明你没有放弃，你相信自己可以改进。这种思维模式非常有益，它展示的是一种成长型思维！不过，即使你已经倾向于成长型思维，也可以通过使用本书中的练习来继续完善你的思维！

现在再阅读黄色区域答案，想想这些答案会如何阻碍你的学习和成长。这种思维模式是没有用的。如果你选择更多的是黄色区域的答案，或者如果你以前说过类似的话，别担心，请花点儿时间反思自己的想法，这是向成长型思维迈出的第一步。

本书可以帮你朝着成长型思维迈出更大的步伐。熟能生巧，你对成长型思维练习得越多，你的成长型思维模式就会变得越持久。

成长型思维真棒！怎样才能拥有呢

你已经知道了成长型思维和固定型思维分别是什么，但实际上大多数人两者兼有一些。我们可以把心态想象成10个等级（0～10），0代表一直拥有固定型思维的人，10代表一直拥有成长型思维的人，5代表拥有一半固定型思维和一半成长型思维的人。

划分心态等级的好处是它可以改变你的心态等级位置。一旦你知道了成长型思维的作用和窍门后，就会学习和实践本书中的活动，让你的心态等级数字接近10。如果你还不确定从哪里开始，那就试试下面这些能促进成长型思维养成的建议吧：

- 当觉得某事具有挑战性时，尝试一种新的策略吧。
- 把挑战看作你学习和成长的新机会。
- 不要用“失败”这个词，试着用“学习”这个词。
- 专注于你正在取得的进步，而不是还有哪些事要做。
- 奖励自己曾经的努力。
- 需要帮助时，就寻求帮助。
- 当你犯错时，花点儿时间想一想，以后这些错误会对你有什么帮助。

还有一个培养成长型思维的有用建议，那就是给自己一点儿鼓励。我们对自己说话的方式会影响我们的感觉、行为和思考。当你感到沮丧或者受到挑战的时候，不要说“我做不到”或者“我放弃了”这样的话，相反，学着说出下面列出的话：

- 虽然我还没达到目标，但我正在努力。
- 我可以通过努力来搞定困难的事情。
- 我会从错误中吸取教训。
- 每次练习，我都要做得更好。
- 我的方向是正确的。
- 我通过学做难事来帮助自己的大脑成长。
- 我不会放弃。
- 我还可以试试别的方法。
- 我为自己的努力感到自豪。

这是哪种思维

仔细阅读下表左栏中的每一句话，判断一下它反映的是固定型思维还是成长型思维，然后在中栏或右栏中圈出你的答案。

我还没想出来……	固定型思维	成长型思维
我就是做不到。	固定型思维	成长型思维
我不擅长做这件事。	固定型思维	成长型思维
我会继续练习的。	固定型思维	成长型思维
虽然很难，但我不会放弃。	固定型思维	成长型思维
我永远都不够好。	固定型思维	成长型思维
我会寻求帮助的。	固定型思维	成长型思维
我要么好，要么不好。	固定型思维	成长型思维
我可以通过努力来进行自我提升。	固定型思维	成长型思维
没有人可以帮助我。	固定型思维	成长型思维

练习答案

我还没想出来……	成长型思维
我就是做不到。	固定型思维
我不擅长做这件事。	固定型思维
我会继续练习的。	成长型思维
虽然很难，但我不会放弃。	成长型思维
我永远都不够好。	固定型思维
我会寻求帮助的。	成长型思维
我要么好，要么不好。	固定型思维
我可以通过努力来进行自我提升。	成长型思维
没有人可以帮助我。	固定型思维

哇，瞧，你长大了！你已经掌握了提升思维等级的窍门。你越关注成长型思维，你就越容易拥有成长型思维；你也可以关注你的朋友、家人和老师的思维；你甚至可以推测出你最喜欢的电影、电视节目和书籍中的人物的思维——名人也可以拥有成长型思维！

既然你已经成为鉴别这两种思维的行家了，那么是时候多了解一下你的大脑以及成长型思维对大脑的影响方式了。现在，请准备好直接做一些实践练习，这将帮助你养成成长型思维并实现自己的目标！

大脑可以做很多事

你的大脑能做出不可思议的事情。每当你学习新东西、尝试新事物、解决问题或练习一项新技能时，你的大脑就会成长和改善。你的大脑里一些叫作“神经元”的微小细胞，可以帮助你思考、感觉和行动。

当你纠结某事的时候，你大脑里的神经元也在挣扎。但这种挑战其实是件好事！当神经元努力挣扎的时候，它们会向其他神经元寻求支持，就像当你遇到困难的时候，可能会向朋友或家人寻求帮助一样。

当你努力学习的时候，你的各路神经元就在相互建立连接。这些连接会让你的大脑工作得更快捷，让你变得更聪明。你学习的挑战越艰巨，你大脑的神经元就越能快速成长。请把你的大脑想象成你身体里的肌肉。当你反复使用肌肉时，会发生什么呢？当然，它会变得更强大！大脑的工作原理也是一样的。你用得越多，你的大脑就越强大。

乍一看，这些科学知识有点儿混乱。实际上，阅读和思考新信息是让大脑神经元之间建立奇妙的新连接的方法之一。这意味着，你的大脑正在发生变化！

现在我们已经明白了大脑的工作原理，还知道了我们做不同事情的能力并非一成不变——我们的能力会随着大脑的改变而改变，大脑会建立新的连接。这就是为什么固定型思维会限制我们去做自己能做的一切事情。如果我们认为自己的大脑不能改变或成长，那就永远不会去尝试具有挑战性的新事物；如果没有挑战性的新体验，大脑就会停滞不前。这就是为什么成长型思维是如此的强大。

当我们相信大脑的力量时，就会克服挑战，因为我们知道，每一个挑战都会让大脑变得更加强大和聪明。如果你坚持练习或坚持应对挑战，终究会获得一种新的能力或力量。尝试新事物和应对新的挑战并不容易，但如果你坚持下去，你的大脑会感谢你的！

善待你的大脑

我们知道，我们的大脑可以改变和成长，但为什么有时候我们会觉得，成长的过程没完没了呢？坚持下去吧。想让我们的大脑发挥作用需要一点儿耐心，就像你的身体需要一定的时间才能成长一样，大脑也需要时间成长。

只尝试一次可能不足以让挑战变成能力——这需要反复的练习和艰苦的工作。你可能不会马上看到变化，但如果你坚持下去，就会发现，挑战开始变得越来越容易。感到某件事很难，对你的大脑来说其实是件好事；如果感觉不到困难，那是因为你的大脑可能并没有发生变化！

当你在做一些令你感到陌生或困难的事情时，你很有必要善待大脑。你的大脑正在跟着你一起学习呢！想象一下，你正在做一道棘手的数学题，有人对你说“你永远也做不出来！你不够聪明！”时，你会有什么感觉？

就像我们在尝试一项新事物时，很希望别人态度友善并给予自己鼓励一样，我们也应该友善并给大脑以鼓励。你和大脑的交流模式会影响你的心态、耐心和毅力。你要用你和朋友说话的口吻与你的大脑对话。毕竟，你的大脑也是你的朋友嘛！

“与大脑对话”小贴士

1.**赞美你的大脑。**对自己抱有积极的态度，有助于强化你的成长型思维。

2.**原谅你自己（和你的大脑）的错误。**记住，错误能帮助我们成长！

3.**学习感恩。**感谢你的大脑为帮助你学习新技能而付出的努力。

4.**做你大脑的“啦啦队队长”。**对你的大脑说些鼓励的话，比如，“你能做到的”或者“你能行的”。

如果关于大脑的科学知识还不足以让你相信思维的力量，那么，请再看下面几个关于成长型思维发挥作用的例子吧。

成长型思维很奏效

四年级学生杰克逊非常希望自己的阅读能力和同班其他同学一样好，但他似乎就是跟不上。他非常努力，但因为有阅读障碍，他理解文字的过程比大多数同学更艰难。有时候他觉得自己的阅读能力永远都不会变好，但有一天，他决定寻求帮助。他对妈妈说出了他的困难，还安排了和老师的会面以寻求建议。于是，他们三人想出了一个计划，即让杰克逊在家里练习，每周放学后找一位家教老师辅导他两天。杰克逊知道这不是一件容易的事，但他还是按照老师和妈妈的意见照做了。结果，到了学年结束时，杰克逊已经可以和同学们阅读同样难度的书了。

学校的橄榄球选拔赛即将举办，肯尼迪一直梦想成为一名橄榄球运动员。唯一的问题是她在的学校只有男生队，而她是女生。她认为这不公平，因为她喜欢踢球，而且她和队里的男生一样努力，她不会让性别因素阻止她实现梦想。肯尼迪去找了校长，问她是否可以参加球队的选拔，校长决定给她一个机会。在选拔赛前的3

周时间里，她每天放学后都会练习。她不理睬那些取笑她的男孩子——他们说，女孩子不能踢球。选拔赛开始了，肯尼迪最终成功加入了球队！

格蕾丝一直热爱科学，所以，当她得知学校要举办科学展览会时，非常兴奋。她迫不及待地想参加，但是，当她看到其他同学开始准备各自的项目时，却有些担心了。“哇！”她心里琢磨着，“每个人都得到了家人的帮助。可是妈妈一个人打两份工，她没时间帮我。她也买不起我同学用的那些昂贵、花哨的玩意儿。”格蕾丝开始感到气馁，但她并没有放弃，而是决定挑战困难。她知道自己很擅长科学，即使没有花哨的用品或家长的帮助，她也能做得很好。在科学展览会那天，格蕾丝自豪地展示了自己的项目，同学们都对她的作品印象深刻，最终，她赢得了第一名。

杰登看到同学们因为按时完成任务而得到了奖励，他感到失落，因为他从来不曾赢得同样的奖励。杰登的医生告诉他，他患有多动症，很难像班上其他孩子一样坐着不动并集中注意力。他对老师说，因为患有多动症，他做不到全神贯注地听课。老师告诉他，要培养成长型思维，要勇于迎接挑战。于是，他和老师一起制订了一个计划：他每完成30分钟的任务就休息一会儿，然后再让大脑重新集中注意力。只要他休息之后能马上回来听课，老师就会允许他间歇性地休息。第二个星期，他最终因为坚持完成任务而获得了奖励！

妮娅去年参加了竞技足球队的选拔，但没有成功。她因为没能入选球队而感到愤怒和尴尬，甚至一度想永远退出足球队。妮娅的爸爸给她讲了自己学生时代的一个小故事：他在高中的第一年没有进入篮球队，但第二年再次参赛，结果成了“得分王”。他对女儿说，她今年没能成功并不意味着她以后不会好起来。妮娅决定和教练聊一聊，问问教练她有哪些地方需要改进。根据教练的训练建议，她和爸爸一起努力练习了整整一年。今年，当她再次参加球队选拔时，终于成功了！她甚至在本赛季的第一场比赛中就进了两个球。

既然已经学习了关于成长型思维和大脑工作模式的所有知识，现在，是时候让你的大脑接受测试了！准备一些有趣的、令人兴奋的、创造性的练习来加强你的成长型思维吧。在第二章中，你会发现，错误是多么神奇。我知道你在想什么，神奇的错误？错误怎么可能是神奇的呢！或许，读了第二章后，你就会改变想法的。

第二章

瞧瞧这些
了不起的错误

有人讨论过“错误”这件事吗？当然！也许你认为犯错误不好，或者令人尴尬，抑或非常糟糕，但是，我们可以通过改变思维或者改变对错误的看法来转化错误。错误不是用来避免或忘记的，错误是人学习和成长的重要组成部分。

事实上，当你犯错时，大脑的改变和成长要比你第一次尝试后就成功的时候更明显。每次犯错时，我们的大脑都会建立新的连接，并对错误进行修复。这些新的连接会让我们更聪明！改变思考和回应错误的方式可以带给你更多成功的机会。你还是对“错误”不感冒吗？在完成本章的练习之后，你就会知道，“错误”到底有多了不起啦！

犯错后的感觉如何

“我太蠢了，做错了那道数学题。”

“上次的美术作业，我真的搞砸了，所以，我觉得自己不擅长美术。”

“我觉得自己是个坏孩子，因为我在考试时说话而惹了麻烦。”

我们都犯过错，也都曾为此感到难过。在犯错之后，有不舒服的情绪是很常见的，如悲伤、愤怒、失望和尴尬等。有时候，当一个人犯了错，就会觉得自己是个失败者，想要放弃努力，甚至认为自己不够优秀，觉得自己永远不可能做好。

拥有成长型思维的人对错误有不同的看法。当你陷入困境时，感到失望或尴尬也是正常的，但拥有成长型思维意味着你能够克服这些情绪。你可以通过改变应对错误的方式或思维来改变自己的情绪，而不是陷在这些情绪中不能自拔。当一个人拥有成长型思维时，会将错误视为学习和成长的机会，还能够以一种帮助其取得更多成就的方式管理自己的情绪。

想想本章开篇的第一个例子吧：一个学生因为做错了一道数学题而感到难过。你有没有做错过数学题呢？你当时是什么感觉？做错一道数学题，其实没什么大不了的，但是，当全班都在看着你的时候，或者，当你的考试成绩取决于你是否答对了这道题的时候，你就会觉得这件事很严重。

如果你说“我太蠢了”，然后一直自怨自艾，会怎么样呢？下次数学考试你会怎么办？认为自己不够好，永远不能把事情做对，这是表示固定型思维的例子之一。不过，你可以练习拥有成长型思维；你可以选择利用你的错误来帮助你自己。

没错，你可以选择！如何应对错误取决于你自己，这对你将要如何实现自己的目标有很大的影响。但在利用错误来帮助自己之前，我们有必要努力克服因为犯错而出现的不良情绪。当你因犯错而产生剧烈的情绪时，看看下面这些处理情绪的策略吧。

犯错时的情绪管理小步骤：

步骤1： 体会当下的感觉。你感觉尴尬吗？担心惹上麻烦吗？生气吗？这些感觉很正常。允许自己去感受这些情绪吧。

步骤2： 深呼吸三次，集中精力释放那些负面情绪。

步骤3： 反思错误。错误是由什么造成的？下一回你该怎么做？

步骤4： 决定如何利用错误来帮助自己，并关注你达到某个结果时的感受。

在下一小节中，我们将学习更多关于步骤3和步骤4的知识，但首先，我们要练习去体会错误带给我们的感觉。

“哎呀”小情绪

我们都有过那种类似说“哎呀”时的糟糕感觉，想一想你曾经犯过的一个错误，写下你犯错误后的感受。

错误不一定让人感觉良好，但不要担心！本书中的练习将帮你改善犯错以后的感觉。

闭着眼睛画画

在这个练习里，你需要在黑暗中画一幅画。你需要一支铅笔来做这个练习。

画画之前

想象一下：关于在黑暗中画画，你有什么想法或担心？你觉得在看不见的情况下画一幅画会是什么感觉？

画画时刻

关掉灯，闭上眼睛，画一艘横渡海洋的轮船。你要全力以赴，画画的时候请全程闭眼！

画画之后

睁开你的眼睛，看看你的画作。你画错了哪些东西？

反思时刻

你画画的时候感觉怎么样？你在睁开眼睛看着你的画作时，是什么感觉？

有时候，担心犯错比实际犯错的感觉更糟。你在画画的时候可能会感到沮丧或焦虑。但你猜怎么着？你已经尽力了，这是值得骄傲的。也许你对自己的成果不满意，这时候橡皮擦可以派上用场了！现在，你可以回去修正你画作中的错误了。修改的时候，请留意一下你的感受。

犯错也可能是好事

刚开始，错误也许会让你感觉不好，但这是让你变得更棒的一个绝佳机会。犯错时，你才有机会去思考哪里出了错，下次就可以做得更好；如果不花时间进行反思，你的错误就帮不了你。

假设你在考试中做错了一道题，想一想是什么让你做错了这道题。你学习够努力吗？你还对题目感到困惑吗？你是在赶时间吗？想一想你本可以做些什么。反思或思考之后，你这次的错误就可以帮助你避免在下次重复犯同样的错误。与其感到沮丧，不如选择激励自己下次做得更好。

当你犯错的时候，你需要想想那是什么样的错误。错误有大有小，且形式各异。有的错误很大，比如考试作弊；有的错误很小，比如下雨天忘记带伞。大的错误通常会导致严重的后果，而小的错误通常会引发轻微的后果。“后果”就是由于某个决定或行动而产生的结果。

让我们看看犯小错的后果是什么。如果你在雨天忘记带雨伞，就可能被雨水淋湿，这是一个小小的恶果，对你这一天的生活会有一点儿不好的影响。现在想想犯大错可能带来的后果。如果你考试作弊，就可能被叫去老师办公室，你这门课的成绩可能是零分，这会降低你所有学科的整体分数。重大的错误会带来重大的恶果。当你犯错时，请扪心自问：“我的错误有多大？这些错误会带来什么后果？”这样有助于你决定将来如何改进。

我们也有必要想想自己的错误影响了哪些人。有些错误只会影响你自己，但有些错误会影响别人。例如，如果你在冷天忘记穿夹克，你会觉得冷，但其他人是不会受到影响的；如果你忘了在集体活动中发挥自己的力量，你和整个集体都会受到影响。因为你没有完成你自己的那部分任务，所以整个集体的整体效果可能会下降。重要的是，你要考虑到自己的行为会给别人带去什么影响。在接下来的练习中，我们要学会看清错误的大小及其影响对象。

下次……

数学考试前，我没有学习和复习，考试时匆忙答题，神速交卷。结果，分数不是很好，我知道我可以做得更好。我会通过这个错误吸取教训，下次我会好好学习，并多花点儿时间答题。

错误的大小和形式

看看下面的错误，然后辨别一下：它是大的错误还是小的错误？它的后果只会影响我自己还是也会影响别人？

这里有个案例：

我嫉妒我的朋友，所以我散布了她的谣言。

大错误　　　　**小错误**

只会影响我自己　　　　**还会影响别人**

现在你试试：

我把午饭忘在家里了，所以我妈妈不得不放下工作给我送午饭。

大错误　　　　**小错误**

只会影响我自己　　　　**还会影响别人**

我决定和朋友们出去玩，而不是复习考试内容。

大错误　　　　**小错误**

只会影响我自己　　　　**还会影响别人**

我今天早上把作业落在家里了。

大错误　　　　**小错误**

只会影响我自己　　　　**还会影响别人**

在课间休息的时候，我发了脾气，还推了同学，因为他当时取笑我。

大错误 **小错误**

只会影响我自己 **还会影响别人**

我没去参加足球训练，所以周六没能和球队一起参加比赛。

大错误 **小错误**

只会影响我自己 **还会影响别人**

我在老师讲课的时候讲笑话，分散了其他同学的注意力。

大错误 **小错误**

只会影响我自己 **还会影响别人**

我忘了穿运动鞋，而且我今天有体育课。

大错误 **小错误**

只会影响我自己 **还会影响别人**

我没有时间在上课前完成作业，所以我抄了我朋友的作业。

大错误 **小错误**

只会影响我自己 **还会影响别人**

哪里出了错

我们有必要思考自己的错误，并看清到底哪里出了错，或者是什么导致了错误，以及我们应如何补救或防止错误再次发生。想想你以前犯过的一个错误，填写下面的图表。

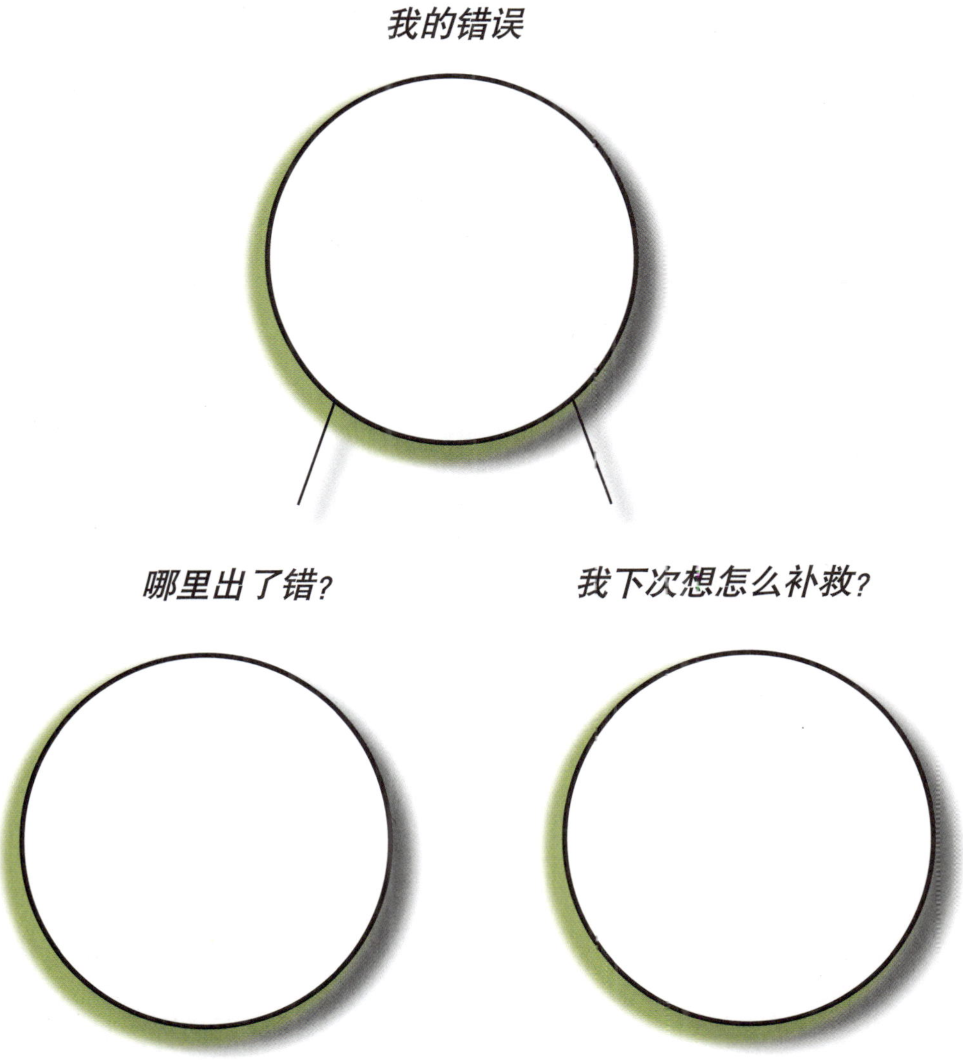

承担责任

我们要为自己的选择承担责任，这有助于我们成长。如果我们只是把错误归咎于他人或环境，就不能从错误中吸取教训。

不要说类似于下面的话：

“不是我干的！他在撒谎！”
“我这么做，只是因为她让我这么做。”
“如果他们不惹我抓狂，我就不会做那件事了！”
“这不是我的错。”

你应该：

- 承认你的错误，诚实地说出你做错了什么。
- 反思你的错误，比如，你为什么做错了，而避免责备他人或找借口。
- 弥补因为某个错误而造成的伤害。你有没有伤害过别人的感情，或者给别人带去不便？你有没有欠人家一个道歉呢？
- 利用这些信息在将来犯下错误时做出更好的选择。

想想你以前犯过的一个错误，做下面的填空题，练习承担责任。

我愿为……………………而承担责任。

我做这个选择是因为……………………。

我需要通过……………………来补救。

我可以通过……………………，在未来做出更好的选择。

错误是绝佳的学习机会

你们已经学会了如何认识和管理伴随错误而来的情绪，也练习了如何识别错误，并为此承担责任。现在你们已经准备好迎接真正精彩的部分了，那就是从错误中吸取教训！这是我们学习经验的最佳方式之一。

还记得我们学过的关于大脑神经元的知识吗？当我们犯错时，神经元的工作会极其辛苦。当它们辛苦工作的时候，我们的大脑也在成长和改变。确实，从错误中吸取教训需要花点儿工夫，但请相信，这是值得的。

花时间从错误中吸取教训，可以防止我们一次又一次地犯同样的错误，也可以让我们变得更聪明、更有能力实现目标。当我们犯错时，就会出现几种类型的学习机会，其中有一种学习机会可以帮你决定下一步该做什么，但前提是，你知道自己犯了什么错。

四大类型的学习机会：

歪打正着，意外成功。有时候虽然我们犯了一个错误，结果却成功了。我们可以利用这次错误来改变一些关于某事可不可行的看法。

类似下面这样的情况：

- 你在做一个科学实验，不小心用错了材料，但实验的最终效果却更好。
- 你在做一个艺术项目，不小心搭混了颜料的颜色，但最终的颜色还是和你想象的一模一样！

能力更上一层楼。当我们无须帮助就能做到以前根本做不到的事情时，就会出现这种学习机会。你可以使用自己已经拥有的知识，但是，当你扩展自己的技能时，很可能会犯错误。这些错误可以帮助你更好地朝着目标成长。

类似下面这样的情况：

- 你在大声朗读一本书，这本书高于你的阅读水平一点儿，你读得挺流畅，只是念错了几个字。
- 你已经可以熟练地做1位数乘以2位数的题，你试着运算2位数乘以2位数，你算得挺准，只是做错了几道题。

从此铭记在心。当我们犯了一个本可以避免的错误时，这种学习机会就会出现。这是个草率的错误，或是我们知道这是不该做的事。这些学习机会可以提醒我们应尽最大努力，做出更明智的选择。

类似下面这样的情况：

- 考试时，你匆忙答题，神速交卷。
- 你一不小心圈出了一个错误答案，交作业之前也没有检查。

再也不犯同样的错误。有些错误会导致严重的后果。它们可能很危险或者会造成严重的伤害。这些都是学习的机会，教会我们不要再犯同样的错误。

类似下面这样的情况：

- 你过马路时没有左右看，一辆车差点儿撞到你。
- 爸爸妈妈惹你生气时，你离家出走了。

犯错时，你可以问自己以下这些问题：

- 我犯了什么错？
- 我为什么会犯这个错？
- 我要考虑哪种类型的学习机会？
- 我能做些什么来防止这种错误再次发生？
- 我需要做什么来弥补一下？

下次……

汤普森夫人（老师）说："科学考试一结束我们就可以休息了。"我真的很想在课间玩电脑，但我知道，如果我想打开电脑，就必须先完成科学考试。于是，我匆忙答题，神速交卷。结果，我的考试成绩是D（成绩不理想）。我知道了匆忙结束考试不是正确的选择。下次我会提醒自己，考试比课间休息更重要，我要多花些时间从容答题。

你是行家你在行

想想你曾经犯过的一个错误。你选择了什么类型的学习机会？想象一下，你正在给一个犯了同样错误的朋友提建议，你会跟他（她）说什么？

逆袭之路

有时候，错误也叫“跌倒”或者“闪失”。阅读下面的每一个错误，然后想办法逆袭，让错误变身为学习机会吧。

错误类型	学习机会
你翘了下午的数学辅导课，因为你想和朋友打篮球。那天晚上，你的家庭作业一道题都没做。	
你答应过你的朋友卡拉，要帮助她备考第二天的单词测验，但亚莉克莎邀请你去她家玩，你就放了卡拉的鸽子，现在她生你的气了。	
你这周不想练钢琴。你去彩排的时候，觉得很尴尬，因为你搞砸了这首歌的棘手部分。	
你告诉你的爸爸妈妈，你在玩电子游戏之前会打扫房间。你真的很想玩电子游戏，所以就索性把所有的东西都塞到了床底下。你妈妈发现了床底下的脏乱物品。现在你一个星期都不能玩电子游戏了。	
你忘了今天有拼写测验，所以没有复习。你在考试的时候偷看了你同学的试卷，想抄写她的答案，结果被老师抓了个正着。	

消灭错误的计划

想想你最近犯的一个错误，从下面这个清单中选择3个你想尝试改变的策略，并在方框中打个钩。任何时候当你犯了错误或陷入困境时，都可以返回来制订一个消灭错误的计划。

当我犯了错误，我可以……

- ☐ 深呼吸，控制自己的情绪。
- ☐ 提醒自己，我有权利犯错。
- ☐ 如果我伤害了某人，要向他道歉。
- ☐ 采取行动，更正错误。
- ☐ 确定这是哪种类型的学习机会。
- ☐ 来一场头脑风暴，争取下次做得更好。
- ☐ 提醒自己，我离正确的方向又近了一步。
- ☐ 和别人谈谈自己的感受。
- ☐ 寻求帮助。
- ☐ 再试一次。

犯错有时也很棒

你知道有些惊人的发明完全是由于错误才问世的吗？如果你仍然不相信错误有多棒，看看下面这些关于普通人犯了错结果竟让全人类使用新发明的故事吧。

你玩过橡皮泥吗？许多孩子喜欢玩有弹性的、容易伸展的、黏糊糊的东西，但这东西的发明完全出于偶然！第二次世界大战期间，詹姆斯·赖特是通用电气的工程师。他试图发明一种特殊类型的橡胶替代品，用于飞机的轮胎、士兵的靴子和其他战争装备。他在所测试的硅油物质里加入了硼酸，结果变成了一团黏糊糊的东西！虽然这玩意儿对飞机轮胎没用，但从那以后，它就成了世界各地孩子都喜欢玩的“橡皮泥”！

你喜欢巧克力曲奇饼吗？露丝·韦克菲尔德是巧克力曲奇的创造者，实际上巧克力曲奇也是偶然制作出来的。她本来想做巧克力饼干，结果发现烘焙巧克力已经用完了。她决定把一块半甜的巧克力掰成小块，和面团混在一起。她原以为巧克力会融化并和面团融合在一起，结果却意外吃到了第一批巧克力曲奇。

詹姆斯·赖特和露丝·韦克菲尔德之所以能想出新发明，是因为他们不怕失败，他们敢于尝试新事物，并进行实验。他们注意到了什么东西有用、什么东西没用。他们从没用的东西中学习，也收获了一些小确幸。想想看，如果没有橡皮泥和巧克力曲奇，这个世界将失去多少让人快乐的事！这只是经由错误创造的众多发明中的两项而已。世界上还有其他一些“极好”的错误，比如培乐多彩泥、人造糖精、便利贴和X射线！

假如我从未犯过错……

写一下，如果你从未犯过错，你的生活会是什么样子。回想一下你从过去的错误中学到的宝贵经验，以及如果你没有从中学到东西，你的生活会是什么样子。

想想他们的言外之意

“我生来就是为了犯错，而不是为了假装完美。”

——德雷克（说唱歌手）

这句话对你来说意味着什么？

“生活中的许多失败者是那些在他们放弃的时候并没有意识到他们离成功已经多么接近的人。”

——托马斯·爱迪生（美国发明家）

这句话对你来说意味着什么？

“一个人如果有勇气承认错误，那么，他所犯的错误总是可以原谅的。”

——李小龙（武术家、演员）

这句话对你来说意味着什么？

“我们不会犯错，只有快乐的小意外。”

——鲍伯·鲁斯（美国画家）

这句话对你来说意味着什么？

“一个从不犯错的人一定从未尝试过任何新鲜事物。”

——阿尔伯特·爱因斯坦（德国科学家）

这句话对你来说意味着什么？

亲爱的错误

错误值得我们感谢，感谢错误教会了我们一切！给你犯过的错误写一封信，告诉你的错误，你从中学到了什么，以及它如何帮助你变得更棒。

亲爱的错误：

你忠实的朋友

有时感到沮丧是正常的

即使你知道错误是多么严重，并且已经学会了如何利用错误来帮助自己这个策略，但有时，你仍然会感到沮丧。没关系！在学习新东西的时候感到沮丧是很正常的，重要的是你选择如何处理这种挫败感。

有时候，当人们感到沮丧的时候，就会想要放弃。我们现在正朝着拥有成长型思维努力，应该明白，放弃不是我们该做的事情。即使在感觉不可能的时候，仍然要坚持挑战，这就叫作毅力。成长型思维的特点之一就是具有坚持不懈的毅力。你可能会想："我知道我应该继续努力，但有时候太沮丧了，甚至再也不想去尝试了。"别担心，这里有很多策略可以帮你巧妙地处理挫折并继续勇往直前。

应对挫折的几个策略：

休息一下。当你觉得自己的大脑无法继续运转时，就可以休息一下啦！选择一项娱乐活动，让你的大脑暂时想点儿别的事情。下面的方法可以帮助你的大脑重新集中注意力，并满血复活地重新开始。

- **吃点儿健康的零食。**健康的食物可以给大脑提供思考和解决问题时所需的能量。
- **做做运动。**散散步或者做做你最喜欢的运动，可以帮你静下心来并重新集中思想。
- **听听你最喜欢的歌曲。**音乐可以改善你的情绪，帮助你摆脱沮丧的感觉。

做点儿有创意的事情。创造性的活动，比如绘画、完成一件工艺品或写作，都有助于锻炼大脑中的创造性区域，有助于你在重新面对任务时解决问题。

练习正念。专注于当下，就是在练习正念。这项练习能让你的大脑和身体平静下来。正念是管理沮丧心情的良好方法之一，因为它能让你把注意力集中于当下发生的事情，而不是担心困难的任务或改正错误的方式。尝试这些简单的正念练习，然后留意一下你的身体和大脑在练习后的感觉如何。

- **腹式深呼吸。**仰卧，双手平放于腹部；用鼻子深吸一口气，然后从嘴里呼出来。注意你的双手在肚子上起伏的样子。
- **5–4–3–2–1。**请留意：五样你看到的东西、四样你感觉到的东西、三样你听到的东西、两样你闻到的东西、一样你尝到的东西。

善待自己。专注于你所擅长的事情，而不只是你犯下的错误。赞美一下自己。用你和你真正关心的朋友或家人说话时的口吻与自己对话。

你们已经准备好尝试做一些练习来应对挫折了。记住，当你们需要平复身心以便坚持下去的时候，就回来参阅这一章节的内容吧！

下次……

昨晚篮球训练时，我所有的罚球都没投进去。我很沮丧，还没有完成训练就气冲冲地离开了球场。我就是不想再训练了！下次，我会休息5分钟，集中精力呼吸，让身体平静下来，然后再试一次。

积极的自我肯定

积极的自我肯定可以帮助我们管理沮丧和自我怀疑的情绪。自我肯定是我们用来鼓励自己和学会自爱的情绪，它提醒我们，自己正在做一项很棒的事情。反复而正面的自我肯定可以帮助我们以安全和健康的方式进行挫折管理，并让事情回到正轨，再次去尝试。

试着对自己大声说几句自我肯定的话：

- 我的智慧大于我的错误。
- 我能经受住任何挑战。
- 我选择强化我的大脑。
- 我有能力做很棒的事情。
- 我为自己迄今为止所做的事情感到自豪。

现在给自己写两句自我肯定的话吧。

1. ________________________________。

2. ________________________________。

不断前行

请准备一根回形针和一支铅笔，然后做下面的练习。先把回形针放在转盘的中间；再把铅笔尖竖着放在回形针的末端（在方向盘的中心）来固定回形针的位置；然后轻弹回形针，让它绕着转盘旋转。当回形针停止转动时，看看它落在了哪个区域。你可以翻回到“有时感到沮丧是正常的”这一小节来提醒自己如何做正念练习。你还感到沮丧吗？那就再试一次！

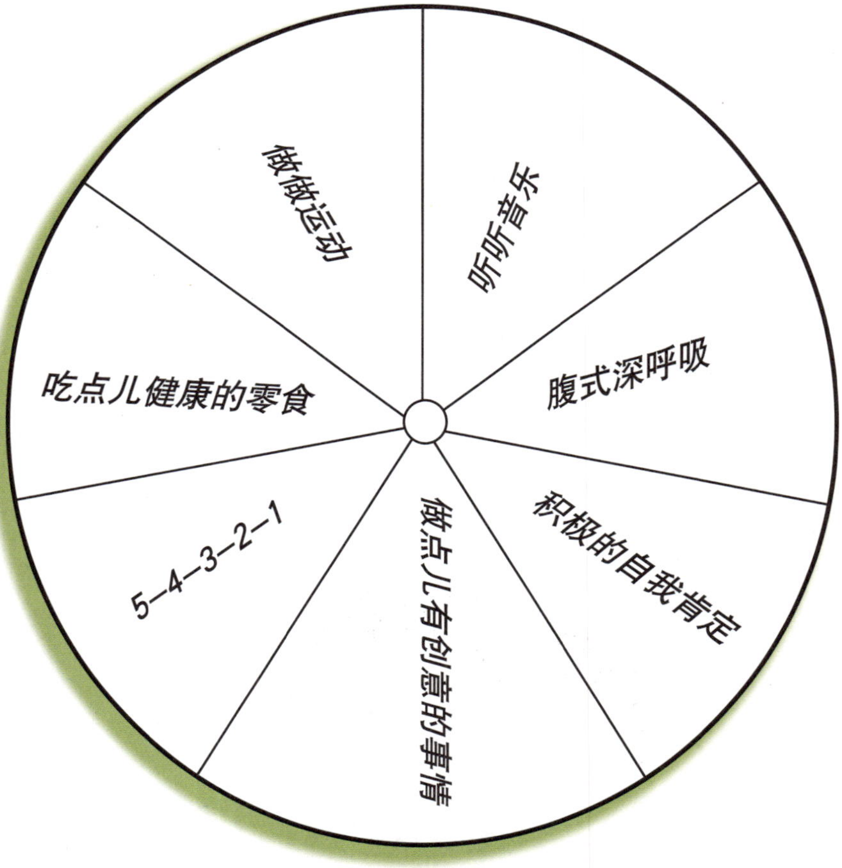

第三章

做个出色的解题达人

养成成长型思维的一个重点就是学会如何成为一个出色的解题达人。你不仅要从错误中吸取教训，还要想出新的策略，用不同的方式去改进或修正错误。

每次尝试新的事物，你就离解决问题更近一步，这就是为什么解决问题会如此有趣！很多问题都有不止一个的解决方案。解题时，你可以利用自己的创造力想出一切可能的方案。我们可以学着去爱上挑战，就像努力去爱上错误一样。

在本章中，我们要学习搜集反馈、接受挑战，以及使用“尚（不）”（或“还不”，指一种还有更多可能性的态度或情绪）这个强大的词去探索如何变身为一名出色的解题达人。现在就开始吧——瞧瞧我们可能遇到的各类疑难问题，想想我们努力摸索出的各类解题方案。

解题不限于数学难题

说到解题，你们可能会想到自己在学校做的数学题。你们可能已经学会了解决各类数学难题的多种策略，所以，其实你们已经练习过解题了！但解题并不限于数学难题。事实上，你每天都在解题，解题就是对问题的求解和处理的过程。

“解题”除了可以解决学术问题（如数学问题或科学实验），还可以解决冲突，比如你和朋友或家人之间的矛盾。试想，有一次，你的一位朋友因为某事而对你不满，你可以思考这是由什么引起的，然后想办法让朋友再次开心起来，这也是一种“解题”方法啊！

在解题之前，很有必要先确认一下你是否真正知道问题的症结所在。为了确保你明白自己想要解决的问题究竟是什么，请参考下面的一些问题进行思考。

- 问题是什么时候开始产生的？
- 我是怎么注意到这个问题的？
- 问题产生的可能原因是什么？
- 我已经尝试过什么解题方法？为什么不奏效呢？
- 这种事以前发生过吗？如果发生过，我是怎么解决的呢？
- 如果我忽略这个问题，会发生什么呢？
- 关于这个问题，我知道哪些事实呢？
- 谁可能会帮我解决这个问题？

还有些事情会影响我们的解题效果。

应该避免的事情:

- 过早放弃。
- 持有消极的态度或进行消极的自我对话。
- 自以为已经无事不晓。
- 没有花时间去理解问题。
- 拒绝寻求帮助。

解题的必备前提之一就是拥有开放的思维，并愿意尝试不同的事情。你尝试的第一个解决方案可能行不通，因此，在开始之前，请制订一个策略或行动计划，这是很有帮助的。最好准备多种解题思路。有时候，这意味着，你要运用自己的创造力，以不同的方式思考问题，并尝试做不同的事情，直到获得正确的解决方案。不要忘记利用你的错误来帮你解题！接下来的几项练习将会帮你成为一个像解题达人一样思考的行家！

我的解题计划

想想你现在遇到的一个问题。这个问题可能出现在学校或家里，可能是和朋友在一起的时候，或在课外活动期间。

我的问题：

看看这些可能的解决方案，并制订一个解题计划。

- 了解更多关于这个问题的信息。
- 道歉。
- 征求意见。
- 练习一种可以帮我解决问题的技能。
- 试着更好地理解这个问题究竟是什么。
- 就这个问题进行提问。
- 对类似的问题做一些研究。
- 和一个值得信赖的成年人谈谈。
- 采取行动改正错误。

为了解决这个问题，我会尝试：

如果上一种方法不奏效，我会尝试：

如果问题还没有解决，我会：

不限于一个答案

很多问题都不止有一个答案，这就是为什么解题时很有必要考虑一切可能的解题方案。试试看！

1. ________+________+________=100

上面这个题目有哪些可能的答案？________，________，________。

还有哪些答案？________，________，________。

2. 画一个花园。

花园里有一半的花是红色的，花园会是什么样子？还有什么可能的绘画方案？

3. 如果答案是“三角形”。

问题是什么呢？

还有什么可能的问题呢？

给朋友提建议

给下面例子中的每个朋友一些建议，帮助他们解决问题。记住，要想出多种解题方案，还得有鼓舞人心的效果。

1.你的朋友有一门课程学得不好，还有一次考试，成绩单就要出来了。你给这位朋友的建议是什么？

--。

2.你的两个朋友在吵架。一个朋友把他最喜欢的铅笔给了另一个朋友，然后又决定要回去，但另一个朋友不肯还。你给这两位朋友的建议是什么？

--。

3.你的朋友上学总是迟到，因为他没有及时起床，如果他再迟到一次，后果会很严重。你给这位朋友的建议是什么？

--。

4.你的朋友正在为参加科学展览做准备。他总是一遍又一遍地尝试同样的事情，但一直没有成功，他确信这就是正确的方法。你给这位朋友的建议是什么？

--。

接受反馈

梅的老师告诉她，她数学考试成绩不好的原因是她上课总是和朋友说话。起初，梅听了很生气，但她想了想，知道老师说的是对的，于是，她开始在课堂上练习自我控制，后来，她的成绩真的提高了。

本的足球教练告诉他，如果他想参加比赛，需要参与更多的训练。本很生气，他认为教练只是不喜欢他，所以，他忽略了这个建议。结果，在接下来的一场比赛中，他连上场的资格都失去了。

想想上面两个故事中的“主角”。当有人给他们提建议时，他们心里是什么感觉？谁听取了反馈？谁成功了？

反馈是指某人提供的有助于你提升的信息。有时候反馈听上去真的很难受，因为当有人提出，你做错了什么或你可以做得更好的时候，你的感觉不可能太好。这种感觉很正常。但大多数时候，反馈是为了帮助你。告诉你如何提高的人，通常只是期待你能获得成功！

当一个人拥有的是固定型思维时，他可能会忽视反馈，或生气，或找借口。成长型思维的特点之一就是欢迎反馈并利用它来帮助自己。善于从别人那里获取建议，也是一种技术活，而且反馈的效果十分强大！你们常常会从父母、老师、教练或其他负责帮助你成功的成年人那里得到反馈，请以开放的心态倾听反馈，并将其作为改变和成长的技能吧。

接受有益的反馈的建议：

- 用开放的心态仔细倾听。
- 留意反馈给你带来的感受。
- 问问自己为什么会有这种感受。
- 如果你感到不安，花一点儿时间冷静下来。
- 重述对方的话，并询问自己是否正确理解了这些话。
- 提醒自己，他们是在帮助你。
- 感谢那个想助你成功的人。
- 来一场头脑风暴，想一想如何利用这些反馈帮助你更加成功。
- 行动起来！

下次……

在家长会上，老师告诉我，如果在我对某事感到困惑时敢于提问，课堂学习效果就会更好。下次再有不懂的问题的时候，我会举手提问的。

面对反馈时的思维

看看下面例子中的每个人收到反馈时做出的反应。判断这个人表现出的是成长型思维还是固定型思维，然后圈出正确的答案。

“这个人就是不喜欢我。”	固定型思维	成长型思维
“这个人想帮助我成功。”	固定型思维	成长型思维
“现在你再试试。”	固定型思维	成长型思维
“他只是嫉妒我。”	固定型思维	成长型思维
“我应该听从这个建议，让自己变得更好。”	固定型思维	成长型思维
“反馈帮助我成长。”	固定型思维	成长型思维
“我不在乎她说什么。”	固定型思维	成长型思维
“我不需要听任何人的。”	固定型思维	成长型思维
“我要想想这对我有什么帮助。”	固定型思维	成长型思维
“我就当她什么也没说。”	固定型思维	成长型思维
“不管他说什么，我永远都做不好。”	固定型思维	成长型思维

思考—重述—感谢—决定

在这项练习中，你将通过以下四个步骤来练习如何回应反馈：

第一步： 想想对方说了什么。

第二步： 用自己的话重述一遍，表明你理解了。

第三步： 感谢对方给你的有益反馈。

第四步： 决定如何使用反馈帮助自己。

想想你从父母、老师、教练或朋友那里得到的反馈信息。反馈内容可能包括你在学校的学习、运动，你对待他人的方式，或者你的行为表现。

按照以上四个步骤来回应反馈。

我的反馈是：

第一步：

第二步：

第三步：

第四步：

一直在进步

当你拥有了成长型思维后，就会一直进步。很多时候，想要把事情做对，需要做的尝试不止一次。想想你学习阅读的时候吧，你不可能随便拿起一本书就知道里面所有的内容。刚开始，可能是有人读给你听，然后，你必须学习所有的生字和发音。之后，你要学习如何把字组合起来构成词，先是阅读短词，然后是短句。你可能会使用不同的策略，比如看图识字词或把词语拆开来发音。接下来，你可能开始读更长的句子，然后是更厚的书。你练习的阅读越多，你尝试的策略越多，进步就越大。现在你正在读我们这本书！但如果你在第一次尝试后就因为太难而放弃了呢？要是你再也不想读任何一本书了，会怎么样？

就像学习阅读一样，实现目标和尝试新事物并不总是在第一次尝试后就会收获成功。成长型思维的特点之一就是要明白，即使第一次尝试没有成功，你也会有所进步。如果能克服挑战，就可以继续前行。想一想，通过阅读本书，你已经在多大程度上提高了自己的成长型思维！

让我们回顾一下大脑成长背后的科学吧：当你的大脑神经元受到挑战时，它们会建立新的连接，并变得更加强大。这就是为什么你每尝试一次，事情就会变得容易一些。你的大脑正在慢慢适应新的技能，这需要时间和练习，以及运用成长型思维！

请完成接下来的几项练习，想想为什么成长型思维会帮助你不断取得进步。一定要花点儿时间来庆祝一下你通过努力和坚持不懈所取得的进步。

今天的我会更好

想想在过去的一年里你所取得的一切进步！列出你现在比去年更擅长的事情。

1.____。

2.____。

3.____。

4.____。

5.____。

瞧瞧我的成长历程

成长和进步并不总是那么容易，这需要付出很多努力。但是，当你成长和实现了目标的时候，想想那种感觉有多棒。回想一下你曾经非常努力做过的事情，以及随着时间的推移，你是如何进步的，感觉怎么样？你要怎么做才能取得成功？写下这一系列问题的答案，你一定会祝贺那个曾经努力的自己！

____

____

____

____

进步就像走“迷人一的一宫”

试着走迷宫，但不要回避掉难走的线路。

你成功闯关了吗？再试一次！

再试一次，留意你进步的过程。

就像走迷宫一样，我们并不总是第一次尝试就能成功。有时我们甚至尝试三次都做不好！但是，我们越努力尝试，就会越接近成功。

你不喜欢挑战吗

人类的大脑是用来学习和成长的。拥有成长型思维后，你可以学和做的一切事情都是无可限量的！热爱挑战和学习，将帮助你成为一个终身学习达人，并实现你的目标。面对问题或挑战又无法克服时，确实令人沮丧，甚至可能让你一度想放弃，好在你已经学会了继续前进的策略。如果利用好你学到的可以帮你坚持下去的一切策略，你就会真正爱上挑战，而不会因为它而感到沮丧或挫败。

迎接挑战和学习的几大策略：

不要逃避，试着做有挑战性的事情。当你逃避做困难的事情时，你就不会给自己成长的机会。做不好做的事情并从中学习，总比什么都不做要好。

不要给自己贴上“好”或“坏”的标签。忘记那些你认为自己不擅长的事情。相反，把它们看作你需要克服的挑战。不要认为你不是掌握某项技能的天生材料，你要关注自己的成长空间，而不是纠结于自己的挣扎。

找出做某事的动机。你要确定的是：你为什么想要通过一项挑战或学习一项技能？它在将来对你有什么帮助？找出你的动机，你会对学习和朝着目标努力而感到兴奋。

搞清楚怎样才能学得最好。我们都习惯运用不同的学习方式。找出最适合你的那种，可以帮助你爱上学习和迎接挑战。有人看成功的例子的学习效果最好；有人倾听的学习效果最好；还有人边做边学，从错误中吸取教训。你最好将以上几种方式搭配使用。

庆祝你的成功。尝试新事物和克服挑战需要努力，所以，当你取得进步或取得新成就时，很有必要祝贺一下自己。请你想办法奖励自己，并为自己的努力而感到自豪。

与其把挑战看成拦路虎，不如把它看作你变得更聪明、更能干的过程中令人兴奋的一步。如果有某样东西能让你离目标更近，为什么不去爱上它呢？下面的练习将帮助你思考自己面临的挑战是什么，以及如何才能爱上应对挑战的感觉。

下次……

我以前总是回避数学，因为我总觉得自己不是数学达人。我理解数学问题向来很慢，不像有些同学那样脑子转得快。但我决定把数学当作一种有趣的挑战来面对和解决，因为我知道，努力学数学的时候，我的大脑会成长。下次我在学校再纠结的时候，也会用同样的态度让学习变得有趣起来。

我要面临的挑战

我们很有必要了解一下，哪些技能对我们有挑战性。这样，我们才能思考如何搞定挑战。看看下面的各项技能，圈出你觉得最具挑战性的技能。

阅读	团队活动	唱歌
自我控制	写作	和别人相处
艺术	倾听	服从指令
科学	数学	做到准时
交朋友	跳舞	运动
演奏乐器	在群体面前发言	集中注意力
计算机技能	解决问题	组织

从你圈出的答案中选择一个作为挑战。你打算采取怎样的行动去搞定这个难题呢？

电影人物面临的挑战

就像我们会面临挑战一样，电影、电视剧、书籍中的人物也面临着他们必须克服的挑战。想出一个因为战胜挑战而激励了你的人物，写下他（她）面临的问题、克服困难的方式，以及激励你的原因。

努力爱上挑战

想想你在学校里所纠结或害怕学习的学科或技能有哪些呢？

你不喜欢它的哪一点？

你喜欢它的哪一点？

有什么可以让这门学科或技能变得更有趣？

你要采取怎样的行动让自己更加享受这门学科或技能呢？

当你在学校遇到挑战或者不喜欢学习某个知识或技能的时候，回到这项练习中来，来一场头脑风暴，想想如何才能爱上挑战，爱上学习！

“尚（不）”是个强大的字

“我不能连续不停地跑一英里。”

“我尚不能连续不停地跑一英里。”

阅读一下上面这两句话。它们有什么不同？你觉得拥有成长型思维的人会说哪一句？哪一句话表现出了固定型思维？

这两个句子中除了一个字之外，其他词都是相同的。这个字就是“尚（不）”，它的作用很大，一个字就可以改变整个句子的意思！如果有人说，“他不能连续不停地跑一英里”，听起来好像他认为自己永远都做不到，或者，他对此没有保持积极的心态。这是一个限制性的陈述，可能会阻止某人达到自己的目标或成为最好的自己。如果在句子中加上“尚（不）”这个字，就为成功打开了更多可能性的大门。

想想一个正在学走路的婴儿。如果孩子第一次摔倒后，不愿爬起来再试一次，会怎么样？婴儿是能体现“尚（不）”力量的绝佳例子，因为即使事情很困难，他（她）也会不断尝试。婴儿不害怕失败或不会因做不了某事而感到尴尬。

随着年龄的增长，我们开始变得忧心忡忡，“如果失败了，别人会怎么想，或者我们会怎么看待自己”。放弃恐惧和自我怀疑可能很难，但学会使用“尚（不）”这个字是一个良好的开端！

当你想说“我不能”或“我不知道怎么做”时，试着在中间加上一个简单的字——“我尚（不）能”。增加“尚（不）”表示，无论有多难，你都会继续尝试。它意味着，你有足够的信心坚持下去。我们知道，成长型思维的特点之一就是让我们相信自己总是有能力去提高。使用“尚（不）”这个字，表明我们在抱着成长型思维与他人沟通，最重要的是与自己沟通。接下来的几项练习将帮助大家实践“尚（不）”的力量。

下次……

“我做不到！”下次，当你再觉得自己在纠结什么事情的时候，可以在这句话的结尾加上哪些强大的字眼来改变你的想法呢？

我尚（不）能做的事情

列出你已经能做的三件事情。

1. ____。

2. ____。

3. ____。

祝贺你自己，你已经能够做这些事情了！现在想想三件你“尚（不）”能做的事。记住，在你的陈述结尾使用这个强大的字眼。

1. ____。

2. ____。

3. ____。

祝贺你自己拥有了为实现这些目标而努力的思维！

好好利用你拥有的东西

想想你已经拥有的所有才能（包括你在上面的练习中列出的三项）。你如何利用你能做好的事情来帮助你完成你尚不能做好的事情呢？选择一件你想做得更好的事，再写下你利用当前的技能和天赋帮助你实现目标的过程。

你做对了

“不管你觉得自己行还是不行——你都是对的。”

——亨利·福特（著名企业家）

上面这句话对你来说意味着什么？它是如何解释“尚（不）”这个字的力量的？

第四章

发挥创造力，不断尝试和努力

有时候，解决问题和应对挑战需要发挥一些创造力。本章将介绍创造力和努力做事如何共同帮助大家实现惊人的目标。你们已经学会了不断尝试和努力是多么重要，即使事情变得困难也无妨。有时你们可能觉得，自己已经尝试了一切办法，却还是不知道下一步该做什么。这才是可以真正发挥创造力的时候！

本章中的练习将教会大家如何跳出思维定式，并制订计划去实现目标。你们还可以通过练习去搞定一切了不起的事情，没有极限！请大家戴上“创新思维帽”，做好准备吧。

挖掘你的创造力

创造力是你用不同的新的思维模式去思考事物的能力。“创造力”这个词可能会让你想到艺术，因为艺术家用创造力创造新事物，用不同的方式看待事物。但你也不必成为艺术家，因为创造力不是由艺术家垄断的！事实上，创造力可以应用在任何事情上。可能你还没有意识到创造时你就已经并一直在发挥自己的创造力了。当我们开始有意识地挖掘并发挥创造力时，就会变得更擅长学习和解决问题。

如果你不确定自己是否有创造力，请看看下面列出的清单。如果你曾经做过以下任何一件事，你就是在运用创造力！

- 把东西拆了再装回去。
- 尝试点儿新鲜事物。
- 运用你的想象力。
- 解决一个问题。
- 想办法做一点儿新鲜事。
- 捉迷藏。

你听说过“跳出思维定式”这句吗？这是谈论创造性思维的另一种方式。我们很有必要跳出思维定式，这样才能想出一个问题的一切可能的答案，并创造出新事物。

创造性思维是成长型思维的

特色之一，因为它可以帮助你用许多不同的方式解决问题，并让你想象一切的可能性。而持有固定型思维的人可能会在尝试一种策略或解决方案之后就选择放弃了。我们要明白，如果拥有了成长型思维，就可以用创造性思维来解决问题。

跳出思维定式的几大技巧：

多多提问。当你对某事感到疑惑时，就提问吧！好奇心是创造力的源泉。

尝试新事物。当你拥有一种新的体验时，你的大脑神经元会形成新的连接。这些连接会让你使用大脑的更多区域，这对创造力非常有益！

保持开放的心态。接受“解决方案不止一个”这个观念。富有创造力意味着要探索许多可能性，甚至是貌似并不明显的可能性。

研究事物的工作原理。电视机是怎么工作的？汽车是怎么制造出来的？明白了不同事物的运作过程，就可以结合创意来创造新事物或修复旧事物。

创造事物。画画、建造、写作、设计，所有这些都是创造力的伟大实践。

把你的想法列成清单。任何时候，当你有了创造性的想法，请随时写下来！当你需要激发创造力的时候，回头去看看。

玩捉迷藏游戏。随着年龄的增长，我们玩捉迷藏的时候，已经不再那么有想象力了，但是，想象力的充分发挥非常有益于创造性思维的练习！

请运用以上这些技巧和自己的特殊创造力来完成下面的练习，祝你成为挖掘自身创造力的行家。

跳出思维定式

看看下面方框中的线条和形状。运用你的创造力，在现有的线条或形状上添加一些东西，创造出一幅图画。

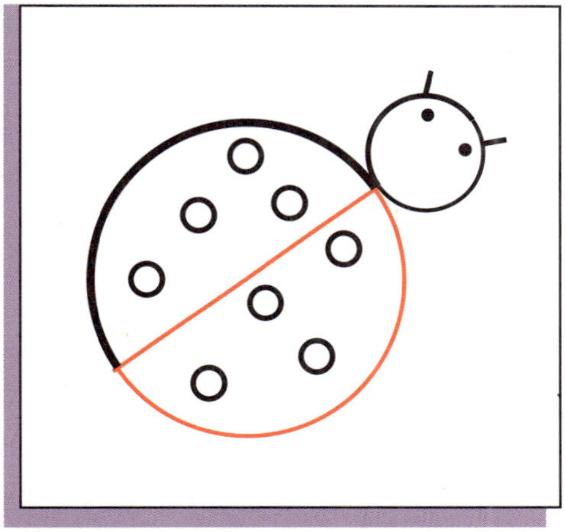

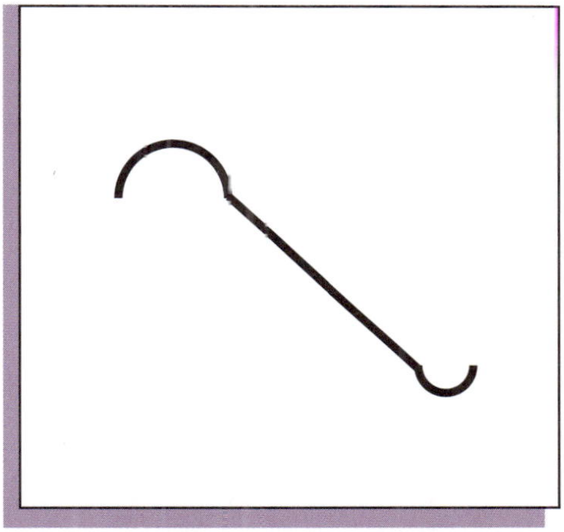

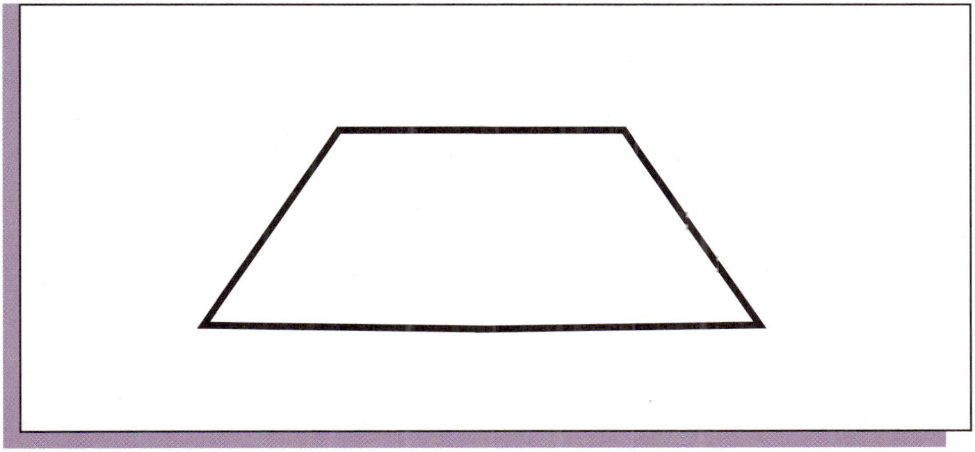

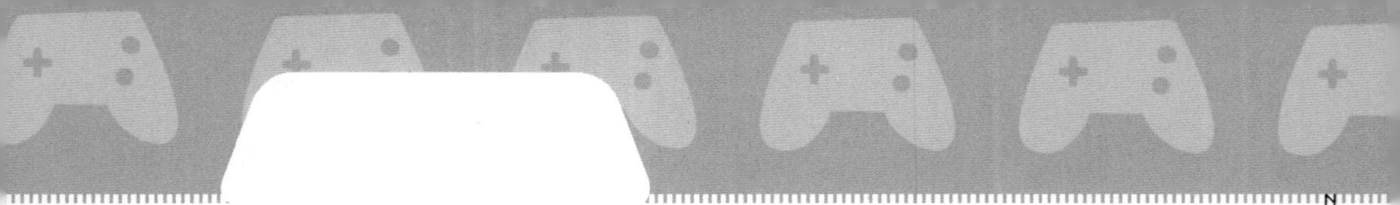

以前是什么，现在是什么

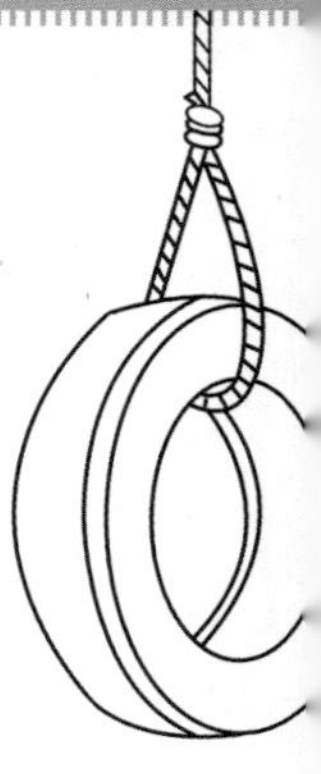

在这项练习中，你将看到不同的日常物品，并决定你可以把它们变成什么。轮胎秋千就是一个很好的例子。刚开始它只是一个普通的轮胎，有人把它装在车上，后来，某个有创造力的人把它变成了秋千！发挥你的创造力，跳出思维定式，想想这些物品的其他用途吧。

这以前是一个花盆。

现在它是______________。

这以前是一把伞。

现在它是______________。

这以前是一支铅笔。

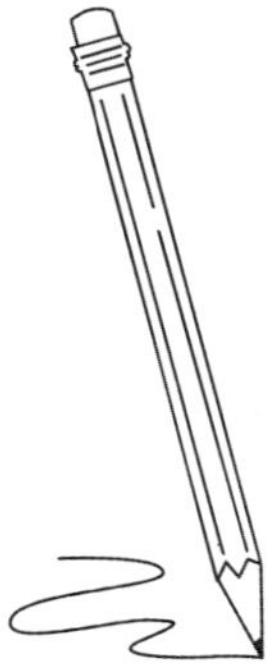

现在它是______________。

这以前是一个垃圾桶。

现在它是______________。

傻傻的创意

在这项练习中，大家要使用自己的创造力去思考，如何利用一组物品去解决问题或创造新东西。有时候，创意看起来傻傻的！

1.你如何使用一个滑板、一个洗衣篮和一根跳绳来清理垃圾呢？

2.你如何使用一个搅拌碗、一个蹦床和一个毛线球去救一只困在树上的猫呢？

3.你如何使用一个垃圾桶、一双人字拖和一些果冻豆来创造一款新游戏呢？

练习、练习、练习，重要的事情说三遍

三年级的时候，米格尔努力背诵乘法知识，他知道，到了四年级学好乘法很重要。整个夏天，他每天都练习15分钟。四年级开学的第一天，他就能正确回答有关乘法的很多问题了。

加伊拉要做一项社会研究课题，她得在全班同学面前演讲，可她非常紧张。奶奶告诉她，提前一遍遍地练习演讲，等到给全班同学演讲时，感觉会舒畅一些。于是，她每天晚上都练习，直到演讲的日子来临。最后，她把演讲稿背得滚瓜烂熟，演讲效果很好，奶奶说得真对啊！

米格尔和加伊拉都明白了练习的重要性。他们都投入了时间和精力来提高一项技能。为什么练习如此重要呢？练习是如何起作用的呢？我们知道，学习新技能可以在大脑神经元之间建立新连接。新技能的练习越频繁，神经元之间的连接就越强大。反过来，连接越强大，技能就越容易被掌握！

有益的练习策略：

短时间练习。如果连续好几个小时练习一项技能，我们的身体和大脑会感到疲劳，这种练习也不会有效或有益。相反，试着只练习一小段时间，见好就收吧。

经常练习。只练习几次或者间隔很长时间才练习一次，不会加强大脑神经元之间的连接。我们要尽量多练习，给自己定一张时间表，然后坚持下去。

分解练习。想办法把一项技能分解成若干个小的步骤。例如，如果你正在学习乘法知识，不要试图一次学会全部内容。可以从一组知识开始，全部吸收之后，再转向下一组知识。

做对、做好。请确保你练习技能的方法是正确的。如果你用错误的方法一遍又一遍地练习，错误的方法就会被沿袭下来。

重复很重要。重复做同一件事可能会显得无聊甚至笨笨的，但重复是加强大脑神经元之间连接的最好方法。

让练习变得有趣些！当你找到方法让练习变得有趣时，你就会更有动力坚持下去。请把练习变成一种游戏，或者找朋友一起练习。运用你的创造性大脑，让它变得妙趣横生吧。

在接下来的几项练习中，要记得运用这些策略哦！

反复练习和实践

不止一次地做一件事，可以帮你取得进步。先瞧瞧这幅画里的小猪，然后在第一个方框里画同样的小猪。不要担心画得不够完美——只要尽力而为就好！

你画得怎么样？哪个部分最有挑战性？

让我们来看看，练习和实践是如何帮你改进的。在第二个方框里再画一次小猪。完成后，看看你的画作，想想如何进一步改进。在第三个方框里再画一次小猪，试着尽可能接近原始图片。

反思：你每画一次小猪，都有什么变化？

每画一次，都会变得更容易还是更难呢？说一说你的感觉。

你认为多尝试几次很重要吗？解释一下你的答案。

送给“懒得练习”的朋友

想象一下，你有一个朋友，他不理解练习的重要性和价值。给这个朋友写一封鼓励信，向他解释一下为什么练习很重要，并给出练习策略和建议。你可以举一个例子，说明你通过练习在某方面取得的进步。

亲爱的朋友（不爱练习者）：

你忠诚的朋友

制订计划

“没有计划，目标就只是一个愿望而已。”法国作家安东尼·德·圣-埃克苏佩里的这句话表明，当你努力想实现某个目标的时候，有一个计划是多么的重要。制订计划可以让你一点一滴地进步，一步一个脚印，顺利地朝着最终目标前进。下面我们谈谈为什么计划如此重要。

当你设定一个新目标或一项任务来解决一个新问题的时候，一开始看起来会觉得压力山大。你知道自己想实现什么目标，可是，到底要怎么实现呢？从哪里开始呢？要花多长时间呢？制订计划可以回答所有（或大部分）问题，给你指出一条通往成功的清晰道路。

想象一下，体育老师希望你们班的每个同学都能在学年结束时实现“9分钟内跑完1英里”的目标。想象一下，你从来没跑过这么快，所以，这对你来说是个问题，但你知道，这需要慢慢来。下面就是如何将这个目标分解为若干小步骤的例子。

第一步： 走1英里。

第二步： 走1/4英里、跑1/4英里、走1/4英里、跑1/4英里。

第三步： 走1/2英里、跑1/2英里。

第四步： 走1/4英里、跑3/4英里。

第五步： 在13分钟内跑完1英里。

第六步： 在11分钟内跑完1英里。

第七步： 在9分钟内跑完1英里。

你做到啦！

注意，这些小的步骤每次都会发生变化。你能看到，计划并不是从“走1英里”直接跳到“跑1/2英里”。如果没有中间的一小步，就很难实现后面的一小步。当你试图过快地达到目标时，你很可能会感到沮丧，还可能会气馁，甚至想放弃。

当你设定一些小步骤来达到目标时，你可以缓慢而稳定地前进，且一路上对自己的成就感觉良好。

你也可以为每个目标的实现设定一个具体的时间。例如，如果你的目标是在学年结束前做到“9分钟内跑完1英里”，你可以选择用1个月的时间来完成每一步，并计划每周练习3～4次。为每一步设定一个时间段，可以帮助你步入正轨，按进度做事。

下次……

我是田径队的一名选手，我还想跑得更快。我每天都去训练，但我的速度没变。我的教练告诉我，要制订一个计划，循序渐进地提高速度。我一步一步慢慢来，结果发现跑步速度开始加快了。下次我有新的目标的时候，会制订一个计划，并一步一步慢慢来。

接下来的几项练习将会帮助你洞察自己的目标或问题，并将它们分解成几个步骤来慢慢执行。想出一个长期的解决方案，而不是速战速决。

计划之前想一想

你的问题或目标是什么？在采取行动之前，请花时间思考一下。你需要深入了解这些问题或目标，并预测下在执行计划时可能遇到的任何障碍。所以，你要花时间进行反思，确保自己真正理解了这些问题或目标。下面几个问题，你可以用来进行自我提问。

- 我试图解决什么问题或实现什么目标？
- 为什么我想要解决或实现它？
- 是什么导致了这个问题？
- 如果我什么都不做，会发生什么？
- 我的问题是从什么时候开始出现的？
- 我已经尝试做过什么？什么有用，什么没用？
- 关于这个问题或目标，我知道哪些事实？
- 谁能帮我解决这个问题或达到目标？
- 解决问题或达到目标需要多长时间？
- 这个问题以前发生过吗？我做了什么？
- 我以前是如何实现目标的？

请反复思考以上这些问题，然后，写下你面临的一个问题或想要达到的目标，对照上面的问题进行自问自答。你要确保自己至少回答三个问题。

分解目标

想想每个目标或问题，以及如何将其分解成五个小步骤。你即将参加一场钢琴独奏演出，你需要学习（并准备表演）三首新歌。

第一步：______________________________。

第二步：______________________________。

第三步：______________________________。

第四步：______________________________。

第五步：______________________________。

你正在为你的社会课做一个研究项目。你必须写一篇论文，然后做一场演讲,你可以选择演讲的主题。还有一周就要交稿了。

第一步：______________________________。

第二步：______________________________。

第三步：______________________________。

第四步：______________________________。

第五步：______________________________。

你是篮球队的一员，你想在4周后的锦标赛前提高你的罚球命中率。现在你只有1/10的命中率，而你想要达到8/10的命中率。

第一步：______________________________。

第二步：______________________________。

第三步：______________________________。

第四步：______________________________。

第五步：______________________________。

你参加了学校的话剧演出，你必须记住所有的台词。这出戏共有3幕，每一幕有10句台词。你要在5周后的第一次排练时熟练背诵出全部台词。

第一步：______________________________。

第二步：______________________________。

第三步：______________________________。

第四步：______________________________。

第五步：______________________________。

长期方案还是速战速决

当你在解决一个问题的时候，重要的是要考虑，这是个长期的解决方案，还是仅仅想要速战速决。速战速决也是一种解决方案，它可以隐藏问题，或者，只在短时间内有效果，但不能真正解决问题。你最好有一个长期的解决方案，一个可以防止问题再次出现的方案。

阅读如下每个例子中的问题和解决方案（每个创可贴代表一个解决方案）。把那些不能解决长期问题的“创可贴”涂成红色；把那些长期有效的“创可贴”涂成绿色。

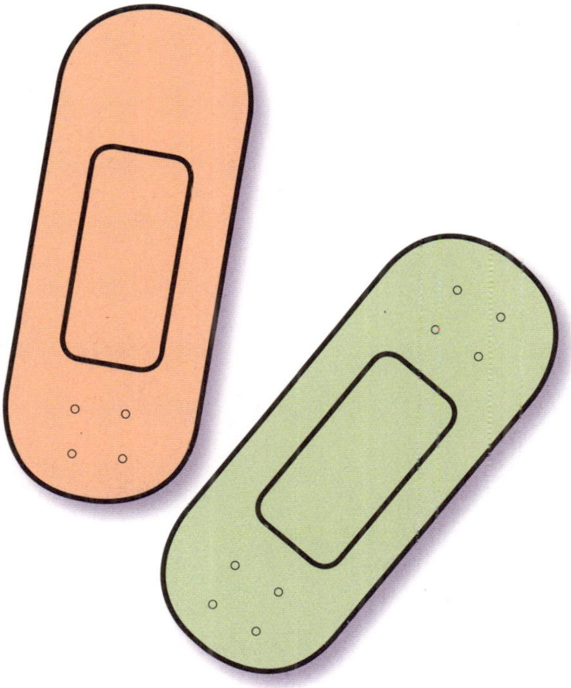

你打碎了妈妈最喜欢的杯子。你把碎片藏在沙发后面，不让她看到。

你需要钱去参加夏令营。可是你刚把你所有的钱都用在了买一款新的电子游戏上，你想跟你哥哥借钱，但并不打算还给他。

你新买的小狗在房间里乱咬东西。你带它去驯狗师那里，每天和它一起训练，帮它纠正乱啃乱咬的坏习惯。

爸爸妈妈告诉你，你完成作业之后才能去找邻居一起玩。你告诉他们，作业已经完成了，但事实并非如此。你整个下午都在玩。

今年在学校，你的数学学得很吃力。你决定找位家教来每周辅导你一次。

你的牙医告诉你，你有蛀牙是因为你吃了太多的糖。你决定将吃甜点限制在一周三次，而不是每天一次。

爸爸让你打扫房间。你现在不想做，所以你把所有的东西都塞到了床底下。

你在体育课上学到了运动的重要性。你还没有真正锻炼过，所以，你决定每天晚上和妈妈一起散步。

无穷无尽！

拥有成长型思维意味着你相信自己能做很棒的事情，而且无穷无尽。请不要总是想着“我做不到”，忽略那些自我束缚的愚蠢想法，让你的创造性思维派上用场吧！创造性思维可以帮助你想出新的策略，来解决问题或实现目标，而且无穷无尽。

实现一个目标或解决一个问题的感觉很棒，你应该花时间来庆祝你获得的成就。你值得拥有，但是不要止步于此！当你拥有成长型思维时，你总是在思考如何更进一步地成长。所以，在你庆祝成功之后，请来一场头脑风暴，想想如何让自己更加强大。

接下来怎么做？你怎么才能更进一步？你还想实现什么目标？你从上一个问题或目标中学到了什么？这些经验可以帮助你做更多的事情吗？当你进行头脑风暴时，这些都是你可以进行自我提问的好问题。

如果你想出了一个点子，却暗自思忖“我不可能做到”，请检验一下你的思维。成长型思维意味着，只要你愿意运用创造性思维并努力尝试，你可以学习和成长的东西就会无穷无尽。当你觉得自己无能为力的时候，请记住一点——创造性思维是一个强大的工具。

如果你有一个点子，尝试了却没成功，请不要就此放弃。你可以想想，如何才能改进这个点子并在实践中做一些改变。如果还是不行，那就试试别的办法。“无穷无尽”意味着你总是想着你还能做什么，即使当事情变得困难了也不会放弃。接下来的两项练习将会帮你练习变得自信，并检验“不放弃”心理的重要性。

说着说着，自己就信了

如果我们总对自己说积极的事情，说着说着，自己就信了；消极的事情也是如此，所以，避免消极的自我暗示很重要。当我们努力解决问题或者达到目标却失败时，有时会感到沮丧并且开始自我贬低。当你发觉这种情况发生在你身上时，请试试下面这组练习。

1.找一面镜子照照自己。

2.带着爱的感觉审视自己。

3.大声对自己说出最大的梦想。

4.选择一句自我肯定的话，大声对自己说下面的话：

- 我能克服一切障碍。
- 我会克服挑战来实现我的目标。
- 我可以做令人惊奇的事情。
- 我很坚强，有能力取得巨大的成功。
- 我敢于尝试新事物。
- 我为自己的努力感到自豪。
- 我爱我自己，因为我在努力提高自己。

反思：完成这个练习之后，你的感觉如何？

如果当时放弃了呢

《哈利·波特》的作者J.K.罗琳开始写这个系列的著作时，正经历一段艰难的时期。她刚刚离婚，几乎连自己和孩子的食物都负担不起。她把书稿寄给了很多出版商，但每次都遭到拒绝。

如果当时罗琳放弃了呢？

托马斯·爱迪生——电灯泡的发明者，在学校里学习很吃力。他的老师甚至告诉他，他不够聪明，什么都学不会。他在发明方面也陷入过挣扎，曾失败了几百次，甚至头两份工作都被炒了鱿鱼。

如果当时爱迪生放弃了呢？

迈克尔·乔丹——前NBA球员，被誉为史上最佳篮球运动员。当年读书时，他并没有入选就读的高中篮球队。

如果当时乔丹放弃了呢？

第五章

设定目标，再设定更多的目标

你们已经知道了成长型思维的力量有多强大！错误有多了不起！如何用创造性思维去坚持不懈地解决问题！既然你们已经知道自己无所不能，现在是时候设定一些目标了！目标就是人们通过计划付诸行动的期待或愿望。

在本章中，你们将学习到为什么目标很重要，如何着手思考目标，如何将计划付诸行动，以及实现目标之后还应该做什么。在下面的练习中你们可以实践下如何进行头脑风暴和反思，并采取行动。在本章的结尾，你们将会直接进行目标设定和执行计划，完成很棒的事情！

你为什么想做某些事情

我们已经简单聊过有关目标设定的问题，但是，这么做有什么意义呢？那些表现最好的运动员、艺人和商人都会为自己设定目标，你觉得他们为什么要设定目标呢？你为什么也要设定目标呢？

设定目标的理由其实有很多，看看这些设定目标的益处吧。

目标让你尽职。当你尽职做某事的时候，你就是在对它尽责，并被寄予期望去完成这件事。树立目标可以提升你的责任心，让你努力付出行动。你也可以与他人分享你的目标，这样，他人会帮助你保持责任感。

目标让你保持专注。设定一个明确的目标和计划，可以帮助你专注于需要努力去实现的目标。

目标可以激励你。树立目标可以激励你继续按计划去完成任务。实现目标的感觉真的很棒。

目标能帮助你成为更好的自己。当你朝着一个目标努力时，你就是在提高一项技能，而且今天的技能水平一定比昨天更好。

目标有大有小，形式各异，这意味着，实现不同的目标需要用不同的时间。想想这两个目标：

1. 我将学习“长除法”［适用于整式除法、小数除法、多项式除法（即因式分解）等较重视计算过程和商数的除法］。
2. 我将成为一名化学家。

这两个目标有什么不同？你也许能猜到，成为一名化学家要比学习长除法花费的时间长得多。恭喜你，你猜对啦！这两个都是伟大的目标，但每个目标的实现都需要不同的计划。你可以有长期目标，比如成为一名化学家，这可能需要多年的计划和行动；你也可以有短期目标，这些目标可能需要几天到几个月的计划和行动。同时拥有这两种目标是件好事！

在接下来的练习中，我们将思考目标的重要性，并练习着为自己设定一些目标。让我们开始吧！

没有目标的世界

想象一下，这是一个无人设定目标的世界。如果没有目标，世界会变成什么样子？

命运之轮

在“命运之轮”的每个区域内填上你在该领域的目标。想想你该采取哪些步骤来实现这些目标。

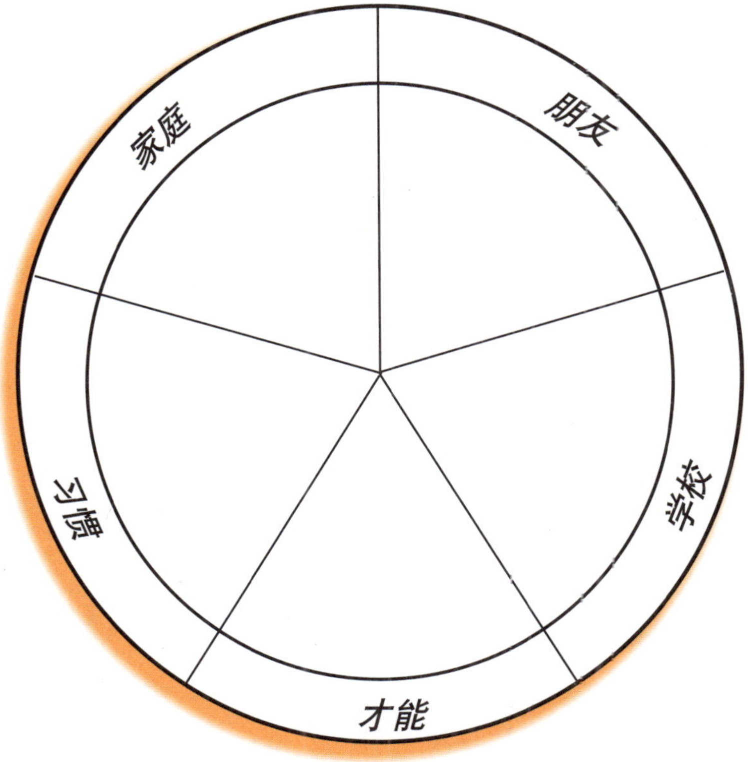

如果……那不是很棒吗

填空题：如果……那不是很棒吗？

想象一下，如果你实现了某个目标，那是怎样的场景？你看到了什么？你感觉如何？你为自己感到骄傲吗？谁在和你一起庆祝？达到目标是一种很有成就感的感觉。这需要你努力付出，它值得庆祝！想象一下你实现目标时的样子和感觉，你会动力十足。

当你朝着目标努力时，当你开始因挑战或错误而感到沮丧时（记住，两者都很神奇），停下来，花1分钟想象一下你实现目标时的场景，你会受益匪浅的。我们将在后面的练习中体验到更多这样的感觉。

了解自己的优势和需要改进的地方是很有帮助的，然而，当面对你的目标时，你不想因只关注自以为的优势而阻碍自己的进步吧。有时候，挑战就是即将展现出来的优势！成长型思维会提醒我们，挑战就是成长的机会。

有时候，当我们确认了一个目标并做了一些努力后，就可以把曾经的挑战变成我们的优势。我们的目标应该包括优势和挑战，这样我们就不会限制自己去尝试新事物，而是在成长中实现自我提升。

举个例子：凯登很会弹吉他，弹钢琴对他来说有点难度，但他真的很喜欢。他想为自己设定目标，以提高自己的音乐天赋。他知道自己很擅长吉他，他想再设定一个目标，学习新的吉他曲子，因为这是他的强项。但是，如果他只专注于自己的优势（弹吉他），就会限制自己的兴趣（弹钢琴）。所以，他可以设定这样的目标：用吉他弹三首新歌，用钢琴弹三首新歌，而不是仅仅只为自己的强项设定目标。

在接下来的两项练习中，你要想象一下自己实现目标时的情景。留意这种感觉有多棒。记住，不要让你的优势限制住了你追求其他目标！

形象化和画面感

形象化是指我们在脑海中创造图像的能力。当我们将事物形象化时，我们可以想象出它的所有细节。想象一个目标可以激励我们去实现目标，让我们知道实现它的感觉是多么美妙。尝试一下这个“形象化”练习。闭上眼睛，让别人为你阅读练习步骤，这样你就可以真正地专注于你在脑海中所创造的画面。

1.深呼吸，放松身体，让自己平静下来。
2.想象你看到了一座山。
3.注意这座山的形状和特征。
4.想一想你的目标。
5.想象你的目标就在山顶上。还有多远到山顶？爬坡有多陡？
6.开始攀登你心中的山峰。
7.当你越来越接近顶峰（你的目标）时，留意一下自己的感受。
8.想象自己达到了顶峰。
9.大声对自己说：“我已经达到目标了！”
10.留意你的感受。

我实现目标的“自拍照”

在上面的练习中，大家练习了想象自己已经达到了某个目标。在下面这项练习中，你要画一张你到达目的地的自拍照，一边画，一边思考这些问题：你在做什么？你脸上的表情是什么？你如何在画中表达出你的感情？

首先需要学什么

当你在设定目标时，一开始可能会觉得有困难，甚至觉得难以应付。你很有必要花些时间思考你已经拥有的有益的知识和技能，然后再决定你还需要再学习其他什么。很多看似困难的事情其实都涉及学习新的东西。

自我提问时的问题清单：

- 我已经知道什么能帮助我实现这个目标了吗？
- 我现在能做些什么来帮助我实现这个目标？
- 我需要学习哪些新东西来帮助我实现这个目标？
- 我可以采取哪些步骤来学习这些新东西？
- 我可以利用哪些资源来帮助我学习这些新东西？
- 谁能帮助我学习这些新东西？

回答这些问题将有助于你开始为实现目标铺设一条清晰的道路，这是一个很棒的策略，因为它可以让你保持正确的方向和积极的动力。如果你追求目标时没有路径可循，你可能会感觉目标太遥远，或者不知道如何实现目标。大多数目标的实现都包含好几个步骤，如果你知道要采取什么步骤来达到目标，你就能更清楚地看到结果。

下面几种策略可以帮助你将目标分解为几个小步骤。看看这些策略，然后开始为你实现目标做个计划吧！

创建里程碑。“里程碑”就是人生道路上不同阶段的着力点，它们让你知道，你离目标越来越近了。比如，如果你设定了一个目标，要在周末之前学会15个单词的拼写，你的里程碑可以是这个样子：

- 里程碑1：学会拼写1～5个单词。
- 里程碑2：学会拼写6～10个单词。
- 里程碑3：学会拼写11～15个单词。
- 最终目标：正确拼写15个单词。

列出你想要完成的任务清单。每个任务都需要独立操作。

创建一个时间轴。时间轴会告诉你何时需要完成各个里程碑或各个任务，在时间轴的尽头，你将达到最终目标。

下次……

我的目标是成为一名棋手。我不知道从哪里开始学习，因为我以前从未下过棋。最终，我还是放弃了，因为我没有什么计划。下次有了目标，我会想想自己需要学习什么，并为实现这个目标而设定一条路。

知识就是力量

试想一个你想要达到的目标。花点儿时间来一场头脑风暴，看看你已经掌握了哪些可以帮助你实现这个目标的知识；接下来，想一想你还需要学习些什么才能达到这个目标；最后决定一下，你需要采取哪些步骤来学习这些新东西。

设定一个目标：

你已经掌握了什么知识？

你还需要学习什么？

你是怎么学会的？

一步一个脚印

在我们设定目标时，想要弄清楚从哪里开始入手似乎很难。把目标分成更小、更短的步骤，有助于给你指一条通往目标的更清晰的路。

试想一个目标，它是什么？

在下面的每一幅脚印图里写下一个步骤，清晰地标明接近目标的每一步。

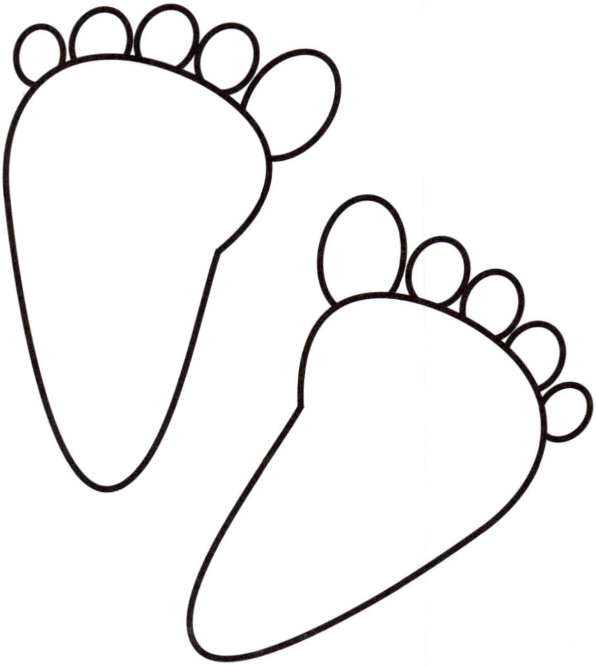

逆向计划

逆向计划指的是从实现目标的各步骤中的最后一项开始制订计划。你可以“从尾到头”列出一些步骤（就是朝着相反的方向进行），来决定如何达到目标。

看看下面这个例子：

目标：在学校组织的才艺表演上唱一首歌。

步骤：

4.练习演唱这首歌。

3.想出与这首歌相配的舞步。

2.记住这首歌的全部歌词。

1.选一首歌。

轮到你啦！选择一个已有的目标，然后用“逆向计划”法来制订一个计划吧。

目标：..。

步骤：

4...。

3...。

2...。

1...。

达到目标之后要做什么

你做到了！你制订了一个计划；你正沿着通往目标的道路前进；学到了新东西；付出了所有的时间和努力，达到了目标。那么，现在怎么办呢？

首先，应该庆祝一下！你做事那么努力！应该好好享受这一切。在你开始朝着下一个目标努力之前，可以为实现了目标而设定一项个人奖励。比如，吃最喜欢吃的零食，做你最喜欢的活动，花点儿时间放松身心，或者其他会让你感觉很棒的事情。当你知道自己在为个人奖励而努力时，可以激励你沿着这条路走下去，也算是庆祝成功的有趣方式之一。在花了时间庆祝之后，就要开始思考下一步该做什么啦。

那么，接下来呢？仅仅达到一个目标并不意味着你就要止步于此！你可以考虑如何在当前实现这个目标的情况下进一步向前推动自己。

也许你已经学习了10以内的所有乘法知识，现在你可以更进一步，学习有关11和12的乘法知识。你也可以考虑一个全新的目标。你还想完成什么目标呢？你应该时刻思考下一个目标是什么。你可以完成很多很棒的事情，请不要停止思考。

思考新目标时你可以进行自我提问的问题：

- 在实现目标的过程中，我学到了什么知识，可以帮助我实现另一个目标？
- 我现在准备尝试什么？
- 我还想学些什么？
- 我还想完成什么？
- 什么事情会让我更加为自己感到骄傲？
- 我一直想做的事情是什么？
- 什么事情能让我成为更好的自己？
- 我怎样才能让自己更上一层楼？
- 我该如何扩展当前的目标？
- 为了达到长远的目标，我需要设定多少短期的小目标？

在接下来的练习中，你们要花时间去反思自己在实现目标的过程中所取得的一切惊人成就，还要思考如何让已达成的目标再上一层楼，以及如何拥有比以前更大的梦想。

魔镜，魔镜，告诉我

想象一个你已经实现的目标。想象你正看着镜子里的自己，什么让你感到骄傲？在达成目标的时候，你在哪些方面表现更出色？你是如何成长的？在下面的镜子里写出三句送给你自己的正面评价。

移动你的“球门柱”

现在，专注于你已经实现的目标。你该如何扩展目标或者让目标再上一个新台阶？想象一下，你成功地把足球踢进了球门，现在你已经成为行家了。请把“球门柱”往后移，进一步挑战自己吧。

我所达成的目标：

我要怎样做才能再上一个新台阶呢？

拥有更大的梦想

你最大的梦想是什么?

怎么样才能让这个梦想变得更大一些呢？你还能取得什么成就呢?

写下你实现梦想的三个步骤：

第一步： --。

第二步： --。

第三步： --。

第六章

继续前进吧

哇你们已经在培养成长型思维方面取得很大的进步啦。你们几乎读完了整本书，但是，任务并没有就此结束。不要停下来！在第六章，你们会学到如何让自己更上一层楼，你们将学会如何通过努力学习和不断奋斗来激励自己追求进步。本章也会让你认识积极思考的力量。你们将探索到，在应对挑战时寻求帮助和提问的重要性。最后，你们将实践保持好奇心和用新事物填充大脑的策略。现在做好准备去学习和实践一些技能，在读完本书之后的很长一段时间内，这些技能还会一直发挥作用，帮助你们实现一个又一个目标。所以，让我们继续前进吧！

你能做到的

有时候，我们大家都需要听到鼓励的话语。这一章就是要提醒你，你可以做一些很艰难的事情。你知道做艰难的事情有什么好处吗？它会让你成长。从第一章开始我们就知道，做具有挑战性的事情，会让我们的大脑神经元之间的连接发生改变，从而促进大脑的成长，但我们也可以通过其他方式学会成长。

做一些艰难的事情会塑造我们的性格，而性格是我们所拥有的可以影响我们思考、感觉和行动的所有品质的关键。当做一些很难的事情的时候，有些性格特质可以变得更好，比如毅力、决心、自信和勇气。当你克服了挑战并完成了艰难的任务或目标时，你的一切特质都有机会变得更加强大。

我们都知道，困难对我们来说是好事，但还是会有那么一段时间，我们会觉得自己在某件事上做得不够好，或者觉得根本做不到。如果你有这种感觉，也不要难过，这只是整个做事过程中的一个有关情绪的小环节，重要的是你如何处理这些感觉。与其屈服和逃避挑战，不如振作起来。记住，你一定能做到的！

鼓励自己的几个锦囊妙计：

- 列出所有你曾经完成的惊人的事情，然后读给自己听。
- 花时间和朋友或家人在一起，他们会让你感觉很好。有时候，我们需要另一个人来提醒自己有多坚强。向别人寻求鼓励是很正常的事情。
- 为自己的进步庆祝。想想你到目前为止所取得的成就，没有什么能阻止你取得更大的成就。
- 花点儿时间对你的大脑表示感谢。当你遇到挑战的时候，你的大脑就会获得成长。真是感激不尽！
- 与自己交朋友。用和朋友说话的口吻与自己对话。
- 聆听令人振奋和积极向上的音乐。研究表明，令人振奋的音乐可以优化人的大脑，这可能就是你度过困难时期所需的动力。

当你需要一些鼓励时，这部分练习会教给你另外的两种策略。请把它们装进你的“智慧锦囊”里，以备不时之需！

亲爱的宝贝，请别放弃

每个人都有想要放弃的时候，但有了成长型思维，你就能战胜怀疑和挫折，继续前进。有时候想要放弃时，我们需要一个友善的提醒。试着给自己写一封信，鼓励自己不要放弃，当你想要放弃的时候，随时翻回这一页来读一读吧。

亲爱的自己：

你忠实的朋友

我为什么了不起

别忘了：你很了不起！想一想所有能让你成为优秀孩子的因素，列一个清单。当你感到沮丧的时候，随时翻到这一页来读一读吧。

我很了不起，那是因为：

1.______________________________。

2.______________________________。

3.______________________________。

4.______________________________。

5.______________________________。

6.______________________________。

7.______________________________。

8.______________________________。

9.______________________________。

10.______________________________。

积极地思考

人类总是在思考。闭上眼睛，想一想你自己最喜欢的东西。有没有听到你脑子里有个声音在夸自己呢？这个声音就是你的自言自语，就是你在脑子里自我对话（也可以大声说出来）的方式。我们有必要练习去进行积极的自我对话，这意味着，我们在以一种友善、尊重、鼓励的方式对待自己。

你不相信积极思考的力量吗？看看积极思考的好处吧：

- 改善态度。
- 增强自信。
- 加强自爱。
- 帮助你应对压力。
- 帮助你克服挑战。

拥有可以时常回想起来的（可以大声说出来，也可以在心里默念）积极的想法，是非常有效且有益的。例如，如果你即将参加一场大考，你知道你会很紧张，此时，你可以尝试着去积极思考："我准备好了，我将尽我最大的努力。"这种积极的想法可以帮助你缓解考试焦虑，并能安慰你——你已经尽你所能在考试中做到最好了。你可以在考试

前和考试的过程中重复这句话，让自己保持积极的情绪。

保持积极的态度是一种很好的回顾过去的方式，也能在必要的时候给予你勇气。下面列出的是一些你可以通过积极思考做到的事情：

- 把积极的话列在笔记本上，当你想出更多这类话的时候，再添加到清单中。
- 把积极的话写在便利贴上，放在当你需要提醒的时候一眼就能看到的地方。
- 大声说出鼓励自己的话，并把它们录下来，以便你在需要时可以听一听。

下次……

我喜欢参加学校的垒球队。但有时候，当我上场击球却被击中的时候，我会非常失望和沮丧。我开始自言自语，然后失去信心。有时候，这会让我无法全力以赴。如果下次再被击中，我会重复积极的自我暗示："搞砸了也没关系。我仍然有可能成功，因为我一直在努力啊。"

通过下面的题目来练习积极的自我对话。这些都是可以促进你脑海中涌现出积极想法的好的策略。

拓展你的思维

试试这些伸展动作，然后重复与之相应的积极的自我对话。这些练习可以让你的身心平静下来，并集中注意力。

飞机造型：

1. 用一只脚站立。
2. 身体前倾。
3. 张开双臂。
4. 集中精力保持平衡。

反复说：“我能飞到很高的地方。”

树的造型：

1. 双脚并拢，双手放在身体两侧，站直。
2. 双手合十放在胸前。
3. 单膝弯曲，抬起脚。
4. 把一只脚平放在另一条腿上，在膝盖上面或者下面。

反复说：“我像树一样强壮。”

星星造型：

1.站直，双臂放在身体两侧，双脚并拢。

2.两脚分开。

3.向两侧伸直双臂。

反复说：“我是一颗闪亮的星星。”

快乐婴儿造型：

1.首先平躺下来。

2.膝盖向腹部弯曲。

3.抓住脚的外侧。

反复说：“我很快乐。”

蝴蝶造型：

1.把背挺直坐在地板上。

2.双脚并拢。

3.把脚向身体靠拢。

4.跪在地上。

反复说：“我正在变成一个更好的自己。”

“咒语”的力量

咒语是你会一遍又一遍重复的一句话，它可以帮助你平静下来或让你集中注意力。《全能的小引擎》（*The Little Engine That Could*）一书中有一个关于咒语的绝佳例子——小引擎反复说着：“我想我能行，我想我能行，我想我能行。”

请为自己想一句咒语，并把它写在一张便利贴纸上，放在你每天都能看到的地方。你还可以在这张便利贴上给你的咒语写点儿有创意性的语句。

永远不要害怕提问和求助

想一想你曾经需要帮助的某个时刻。你当时的感觉如何？你找人帮助你了吗？懂得寻求帮助实际上是生活中非常重要的技能。有些人自尊心太强，不愿意承认自己需要帮助。但事实上，我们都有需要帮助的时候，真的没什么大不了的！向别人求助需要勇气，这是值得骄傲的事情。

有些人可能会觉得不舒服，但你练习得多了，也就容易了——尤其是当你拥有成长型思维的时候。我们在第三章学习过解决问题的方法，而寻求帮助只是你解决问题的另一个锦囊妙计而已。

在寻求帮助时，我们需要考虑的一个重要问题是，确保自己已经尝试过一些策略。有时候，人们求助是为了避免去做那些艰难的事情，但这些事情却是我们想要学习和成长所必须经历的。如果你自己尝试过一些策略却不奏效，请按照以下几个步骤进行求助：

1.决定谁能帮助你。
2.告诉他们，你想做什么，以及你已经做了什么。
3.告诉他们，他们能帮你做的一些具体事情。
4.感谢他们的帮助。

另一个可以添加到你的解题锦囊中的工具是学习何时以及如何提问，如果你想继续学习，就得先迈出一大步——学会提问。想一想，在学校的时候，你曾对某件事感到困惑，然后你就举手提问了，后来发生了什么？再想一想，在学校的时候，你对某件事感到困惑，你却决定不提问，后来发生了什么？通常情况下，在你提问的那一次，会更成功地搞定那件事。这是因为，提问可以让你厘清思路，或者学到新东西。

学习如何以正确的方式提问，可以帮助我们获取最有用的信息。下面列出的是一些提问的技巧。

- 弄清楚你提问的目的。你为什么问这个问题？你想学到什么？
- 决定谁最可能帮到你。谁可能会知道你想要学习的信息？
- 提一些后续问题。后续问题是那些可以给你更多关于该话题信息的相关问题。
- 具体点儿！让对方清楚地知道你想要学习或理解的东西是什么。
- 最重要的是：仔细听取答案！

尝试下面的练习，来一场头脑风暴，想一想谁能帮助你，并试着列一份问题清单。

下次……

在有关植物的科学课结束时，老师问大家是否还有问题。我还是不明白什么是光合作用，但我不好意思提问，所以我没有举手。她做了一个突击测验，第一个问题就是关于光合作用的。我答错了。下次不明白的时候，我会举手提问，因为我知道，提问有助于我的学习。

谁可以帮你

在各个不同的领域写下一个你可以求助的人的名字。想想那些在这个领域有很多天赋或知识的人。

数学	
体育	
朋友之间的问题	
艺术（音乐、美术、舞蹈、戏剧）	
科学	
阅读与写作	
积极思考或鼓励	

列一个问题清单

请开始列出你想要知道其答案的问题清单。每当你想到你要学习的其他东西时，请回看书中这一页，写下你的新问题。每得到一个答案，就在这个问题旁边的方框里打个钩。

- ☐ ……
- ☐ ……
- ☐ ……
- ☐ ……
- ☐ ……
- ☐ ……
- ☐ ……
- ☐ ……
- ☐ ……
- ☐ ……
- ☐ ……
- ☐ ……

保持好奇心

我们永远不缺可以去学习的东西。总是有新的想法要去探究，新的地方要去探索，新的事物要去尝试。当你保持好奇心的时候，你就给了你的大脑很多的机会去成长和改变。

增强好奇心的几个方法：

多读点书。阅读是吸收更多知识的好方法。你可以通过非小说类书籍了解现实生活中的事件和人物，或者通过小说中的人物探索有价值的经验。世界上许多成功人士都说，他们每天都会花时间读书。

留意身边的人。多观察周围的人，留意他们的行为，谈谈他们的经历。我们有很多东西需要互相学习！

多琢磨事儿。随着科技的发展，我们可以轻而易举地获得很多信息。请家长或老师帮助你使用这些信息和工具去探索那些你感到好奇的东西。

不要害怕看起来傻傻的。人们经常因为害怕在别人面前显得愚蠢或失败而不敢尝试新的经验或学习新的东西。不要让这种情绪阻碍了你！大多数人会因为你的努力而尊重你。

做你从未做过的事。去上艺术课；学习一门新的语言；或者尝试一项新的运动。做一些不熟悉的事是激发我们大脑神经元之间连接得比较好的方法。

做实验。实验是利用好奇心学习新东西的好方法。与老师或家长探讨一些你可以尝试的安全的科学实验的思路。让你的思想开始漫游，留意一下，思维把你引向了何处。我们的大脑总是充满好奇心，即使我们并不想这样！请留意你自己的创意，甚至记录下来，然后进一步去探索。

留意身边的事物。与其关注手机、平板电脑或其他电子设备，不如关注你周围的现实情况。请对你周围的环境保持好奇心。

参观博物馆、动物园、水族馆。这些好地方有助于你学习新知识，激发你对新话题的好奇心。不要停止像孩子一样思考！作为孩子，你们拥有天生的好奇心，因为你们有海量的新东西要学，还有丰富的想象力。请坚持下去！

接下来的两项练习，将帮助你去实践如何更好地利用你的好奇心。

充实你的大脑

你们要学习的东西太多了！来一场头脑风暴吧，想象一切你想了解的东西，并把它们“写进”你的脑海里。

3—2—1！见证奇迹的时刻

先选择一个你感兴趣的话题或问题，再做一些相关调查。你可以上网、看书或咨询别人。

写下你已经学会的三件事：

1. ________________________________。

2. ________________________________。

3. ________________________________。

写下两件有趣的事：

1. ________________________________。

2. ________________________________。

关于该话题，写下一个你心里依然存在的疑问。

________________________________。

看看你们都经历了什么

在本书中，你们为自己能拥有成长型思维而付出了如此巨大的努力。让我们看看你们获得了多少成长！请诚实地回答下面的每一个问题。记住，成长型思维的特色之一就是要诚实地面对自己需要成长的领域。我们并不需要完美！

事件	我要……	或者，我要……
你一次又一次地尝试做飞机模型，但你就是搞不定它。	把飞机模型收起来，不玩了，因为我没那么聪明。	向某个擅长制作飞机模型的熟人寻求帮助。
你的老师告诉你，你数学成绩落后是因为你把时间花在聊天上了。	别管她说什么，她只是不喜欢我，她总是想让我过得不顺。	琢磨一下她的反馈意见。她希望我成功，可我确实花了很多时间和朋友聊天。
你设定了一个目标，为你的学校筹款活动筹集一些钱。这比你想象的要难。	放弃目标，这也太多钱了吧。	来一场头脑风暴，想出筹款的新点子。
你参加了学校话剧的选拔赛。你没有得到你想要的主角，但你得到了一个小角色。	退出话剧表演，我只想演主角，演小角色就是浪费时间。	利用这个锻炼的机会为明年做准备。我可以从任何角色中学到很多东西。
为了科学考试，你真的很努力地学习，但你的分数还是很低。	不要学习科学了，我就是永远也学不好，这不是我的专长。	跟我的老师谈谈我学得多么吃力，也许他有些建议我可以照着试试。

续表

事件	我要……	或者，我要……
你在游泳队训练时达到了速度的目标。	太棒了！我做到了！我可以停止练习了。	我为自己感到骄傲，我很好奇自己还可以取得多大的进步。
你为了参加学校诗歌大赛提交了一首诗。你得了第三名。	我不要再写诗了，因为我想拿第一。	继续写诗，得第三名也不错。如果我继续练习，明年可能会拿第一名。
你们在学习一个新的数学知识。貌似其他同学都懂了，但你还是很困惑。	你说：“我就是不会做这种数学题。”	你说：“我只是尚（不）能搞定这种数学题。”
你的朋友告诉你，他们不喜欢和你一起玩游戏，因为你总是早退。	别跟那些朋友玩了，他们就是太刻薄了，我可以找别人一起玩。	仔细想想他们说的话。如果总是有人想早退，我会有什么感觉？我会道歉，以后等轮到我时我再离开。
你的老师每周都会奖励表现良好的学生，但你从来没有得到过奖励。	不想那么费劲巴拉地想得到奖励，谁在乎一个“表现奖”呢？	继续保持良好的表现，这会在其他方面给我以帮助。即使没有得到奖励也无妨。

数数你选出的紫色区域的答案，

这是你的成长型思维得分。________ /10

翻回到第一章，看看你之前做的思维小测试，对比一下，看看你成长了多少！

相信自己，努力做事

你们已经走过了漫漫长路！花点儿时间阅读本书中的所有练习，庆祝一下自己所做的努力。通过学习成长型思维，你们选择了成为更好的自己。

让我们回顾一下大家在本书中学到的一些东西吧。大声读出下面的每一句话，然后，拍拍自己的后背说：“我为自己感到骄傲！”

“我学到了成长型思维和固定型思维的区别。我明白了‘尚（不）’的力量，我可以用它来帮助我建立成长型思维。我为自己感到骄傲！”

“我知道错误有多了不起。我可以把自己的错误看作学习和成长的机会。当我因犯错而感到沮丧时，我也能识别和管理自己的情绪。我为自己感到骄傲！”

“我学会了解决问题的策略。现在我明白了，挑战是如何帮助我的大脑成长的；我也明白了，反馈是如何帮助我学习和成长的，我会利用反馈来帮助自己。我为自己感到骄傲！”

“我练习了如何运用创造性思维。遇到挑战时，我可以跳出思维定式，运用创新思维。我为自己感到骄傲！”

“我可以设定目标，并创造一条实现目标的路径。我知道，有时候，想实现目标需要学习新事物或者提出新问题。我已经准备好了。我为自己感到骄傲！”

“我可以进行积极思考，这有助于我迈向成功。我是一个充满好奇心的学习者，我知道怎么提问和寻求帮助。我为自己感到骄傲！”

哇！看看，你们的新技能真是太棒了！

我们一直在努力培养成长型思维。成长型思维就像是超能力在和消极习惯及思维做斗争。你们有时可能仍会发现自己在固守思维定式，或者练习消极的自我对话，有这种倾向是正常的，别对自己太苛刻。重要的是，当这种情况再发生时，你们能利用成长型思维的超能力来改变自己的思维和态度。

我们的思维培养永无止境，但是，正如我们从本书中学到的那样，努力做事意味着我们的大脑在成长。所以，请继续努力！当事情变得具有挑战性或令人沮丧时，请回到这里来升级你的大脑，本书会帮你渡过难关。

术语表

尽职：对某事负责并希望能完成这件事。

自我肯定：我们对自己说的鼓励和自爱的话。

头脑风暴：努力思考以产生对某事的想法。

性格：塑造一个人思考、感觉和行为方式的品质组合。

自信：一种信念或感觉，认为自己可以成功。

后果：作为决定或行动的结果而发生的事情。

创造力：创造新事物或产生新创意的能力。

好奇心：渴望学习或了解更多。

决心：即使困难重重，也能使人朝着目标努力的品质。

反馈：从别人那里得到的可以帮助我们改进的信息。

固定型思维：一种心理状态，认为自己的能力、天赋和智力是静止不变的。

后续问题：提供有关某话题的更多信息的相关问题。

目标：通过计划的方式付诸行动的愿望；某人想要完成或实现的事情。

成长型思维：一种心理状态，相信自己的能力、天赋和智力可以通过努力和坚持而成长或改变。

长期目标：需要多年计划和行动的目标。

长期解决方案：对某个问题的持久、有效的解决方法。

咒语：用来帮你专注于一种信仰的一个词或短语。

里程碑：朝着目标前进过程中的重要着力点。

正念：意识到当下的时刻。

错误：不当的或不对的行为或选择。

神经元：大脑中的微小细胞，可以传递和接收神经脉冲，将信息发送到全身。

毅力：即使感觉不可能，也要克服挑战。

解决问题：为一个问题找到解决方案的过程，通常可以采用多种策略。

反思：对某事进行深刻思考。

自我对话：大声对自己说或在心里默默自言自语。

短期目标：需要数天或数月计划和行动的目标。

时间轴：显示计划的顺序或序列的时间表。

形象化：在头脑中创造画面的能力。

鸣 谢

我教过的每个学生都点燃了我内心的激情，否则我也不会写这本书。谢谢你们，让我和你们一起见证成长型思维和社会情感学习的力量。没有什么比孩子的心灵更美丽的了，我非常爱你们每一个人，是你们让我变得更好。

我要感谢我的父母约翰·科里和莎伦·科里，他们是第一个给我灌输成长型思维的人。成长型思维的一大聚焦点就是为孩子提供一个犯错并从错误中成长的安全空间。我很幸运在这样一个家庭中长大——在这里，我从不质疑自己的价值和父母对我的爱，即使我犯了错误也没关系。我爱你们，爸爸妈妈。

在本书的结尾，我必须向我的支持者们公开致意：史蒂夫·赫尔（以及整个赫尔家族）、巴克·科里、琳赛·布里丁、克里斯汀·布赖特、惠特尼·瓦格纳、布列塔尼·沃克以及艾曼达·汤普森。艾曼达在我写第一本书的时候就曾为我的每一步努力加油打气。我对你们每个人的爱和感激都是无法估量的。

最后，感谢卡里斯托媒体公司和我了不起的编辑萨曼莎·巴巴罗，感谢你们给我这个难得的机会，让我通过这本书与孩子们分享我对成长型思维的热情。

作者简介

佩顿·库里伊萨曾经是一名教师，她怀着对儿童工作的热情，凭借丰富的经验创办了自己的公司——社会情感学习有限责任公司。她致力于为家长、教育工作者和心理健康工作者提供所需的资源和策略，以发展和培养儿童的社会情感学习技能。作为一名教育工作者，她目睹了社会情感学习的力量，并希望通过自己的公司去帮助各种背景的学生获得成长。

佩顿住在佛罗里达州的圣彼得堡，她喜欢和她的狗狗们——克劳顿和波帕特——一起共度时光。她爱读书，也爱看肯塔基州篮球赛，还喜欢温暖的天气。